下集・育兒篇

安心育兒百科

新生兒照護與哺育生活
帶寶寶第一年必看的　幸福養成書

Contents

010 作者序

013 引言：帶寶寶，應該是更輕鬆自然的事

Part1 與寶寶初見面以後

016 **1-1 新生兒檢查及照護**

017 新生兒身體檢查重點

　　新生兒篩檢有哪些？／寶寶出生後需打維生素K／開始使用兒童健康手冊

024 認識新生兒與照護

　　新生兒的生理現象與外觀／寶寶的原始反射動作／新生兒日常照護／關於新
　　生兒黃疸／去除

036 對寶寶很重要的親密接觸

　　如何抱寶寶／寶寶沐浴初體驗／如何換尿布、選尿布／了解各種原因的寶寶
　　哭／讓寶寶睡得更安穩

048 早產兒的哺養建議

　　早產兒的特性／餵母乳與配方奶使用／營養成分的補充重點／副食品何時吃

050 **1-2 哺乳與餵奶**

051 親餵母乳

　　什麼是母乳？／何時準備哺育計畫？／餵母乳的迷思解析／哪些寶寶不能喝
　　母乳？／如何引導寶寶喝奶？／正確的手擠奶方式／認識哺乳器具與使用／
　　乳腺阻塞怎麼辦？／乳腺炎處理／如何儲存母乳／哺乳期的乳房護理

076 親餵母乳的妳這樣吃

飲食與母乳間的關係／如何吃能增加奶量？

080 餵配方奶

什麼是配方奶？／正確的奶粉沖泡方式／奶瓶消毒怎麼做？／如何儲存奶粉
與即飲奶水？／選購合用奶瓶＆奶嘴？／正確使用奶瓶餵奶

086 哺餵期間的各種狀況

喝多喝少？怎麼餵奶才剛好／寶寶不喝奶怎麼辦？／怎麼避免寶寶夜奶？／
一天該喝多少水？／新生兒常見狀況_腸絞痛、嬰兒胃食道逆流、消化不良

096 [Dr.Wu's Column] 更多了解！寶寶常見的消化不良原因Q&A

Q寶寶一喝奶就馬上大便，難道是直腸子都沒消化嗎？

Q我的寶寶喝配方奶，怎麼換來換去都不合？

Q什麼情況才算是消化不良呢？

Q牛奶蛋白不耐受會有什麼狀況？

Q怎麼治療牛奶蛋白過敏？

098 [Dr.Wu's Column] 從排便了解寶寶狀態

寶寶便便的各種狀態／寶寶便秘的緩解方式／排便習慣養成-戒尿布＆未來的
如廁訓練

Part2 第一口好重要！寶寶離乳之後

106 2-1 副食品的基本概念

107 寶寶的第一口怎麼吃？

餵副食品的傳統派新觀念‧4-9個月／蔬果攝取與飲食禁忌

110 製作副食品前該知道的事

製作流程與調配注意／離乳前後如何搭配副食品／食材軟硬度怎拿捏／好方便的冰磚製作／油脂選用與豐富調味／外出時的副食品食準備

118 2-2 調配副食品這樣做

119 輕鬆餵副食品的訣竅須知

一天餵幾次副食品呢？／奶量該如何調整？／一次該餵寶寶多少量？／有愛的回應式餵食法／食物濃度怎麼調整？／如何拿捏營養均衡？／寶寶不吃時，該怎麼辦？／怎麼處理食物才安全衛生？／1-2歲小孩有不能吃的特定食物嗎？／吃素的寶寶需要注意什麼呢？／寶寶一天吃一顆蛋會太多嗎？

126 營養師食譜！4-6個月寶寶副食嘗試期

糙米（白米）粥／紅蘿蔔泥／綠花椰菜泥／南瓜馬鈴薯泥

134 營養師食譜！6-9個月寶寶副食再進階

菠菜豬肉蛋黃粥／蔬菜香菇小米糊／綠豆仁梨子泥／蔬菜泥蒸蛋／蘋果山藥泥

144 營養師食譜！9-12個月寶寶主副食轉換

鮮魚蔬菜粥／地瓜煎餅／奶香蘑菇玉米濃湯／番茄肉醬貝殼麵／自製米餅

154 2-3 吃副食品後的小狀況

155 5-6個月寶寶的餵食Q&A

Q此時期副食品該吃多少？

Q副食品該在什麼時間點餵？

Q多久可以添加一種新食材？

Q如何觀察寶寶對副食品的反應？

Q新食材要連吃3天嗎？

Q一次可以吃幾種食物？

Q能不能用冰磚來準備副食品？

Q寶寶可以喝水嗎？

Q需要補充維生素D嗎？

Q需要補充鐵劑嗎？

157 6-9個月寶寶的餵食Q&A

Q副食品該吃多少量？

Q什麼時候副食品可以取代一餐奶？

Q份量大小餐有關係嗎？

Q一天若吃1顆以上的蛋也可以嗎？

Q還沒長牙也能照常吃副食品嗎？

Q寶寶本來還好，卻突然變得不愛吃副食品怎麼辦？

Q副食品是不是都不能加鹽巴？

Q為什麼吃副食品之後開始有點便秘？

Q食物原封不動出現在大便裡，是不是沒代表吸收？

Q如果寶寶快接近斷奶，怎麼辦？

160 9-12個月寶寶的餵食Q&A

Q這階段一天該吃多少量？

Q可以讓寶寶吃餅乾嗎？

Q給寶寶自己手拿食物吃就是BLW（Baby Led Weaning）嗎？

Q為什麼體重都沒什麼增加？

Q要給寶寶吃益生菌嗎？

Q什麼時候才可以吃蝦子或螃蟹？

Q拉肚子的時候該怎麼吃？

Q大便一直不成形怎麼辦？

Q什麼時候可以跟著大人一起吃？

Q寶寶的牙齒需要塗氟嗎？

164 [Dr.Wu's Column] 先知道就不慌亂！帶寶寶第一年的生活Q&A

Q寶寶頭後面怎麼一圈光禿禿的，這麼小就會禿頭嗎？／Q寶寶會貧血嗎？為什麼國外會建議寶寶吃鐵劑？／Q寶寶4個月大開始，四肢關節處皮膚偶爾紅紅的，摸起來粗粗的，是太乾燥嗎？／Q寶寶怎麼看起來好像鬥雞眼？／Q寶寶還沒長牙，是因為缺鈣嗎？長牙後要怎麼清潔呢？／Q寶寶竟然自己站起來了，這麼早就會站立會不會變成O型腿啊？／Q什麼時候可以使用學步車？／Q寶寶沒爬多久，就會扶著走路了，怎麼辦？聽說多爬的寶寶比較聰明？／Q寶寶會走了！會走了！誒，那要買什麼鞋呢？／Q什麼時候可以訓練寶寶自己吃東西？

Part3 寶寶生病了！

174 看診之前，爸比媽咪必知的事

　　寶寶生病時該如何面對／望聞問切的幾大基礎

178 3-1 呼吸道疾病

179 常見的小兒呼吸道疾病

　　一般感冒

　　急性細支氣管炎

　　哮吼

　　肺炎

　　鼻竇炎

　　中耳炎

　　腸病毒

　　其他感冒

184 3-2 消化疾病

185 常見的小兒消化道疾病

　　腸胃炎

　　便秘

　　嬰兒胃食道逆流

　　嬰兒腸絞痛

　　新生兒黃疸

188 **3-3 皮膚疾病**

189 常見的小兒皮膚疾病

菲子
尿布疹
異位性皮膚炎

191 [Dr.Yeh's Column] 先知道就不慌亂！居家照護寶寶的常見Q&A

Q餵寶寶吃藥的小訣竅？
Q寶寶疝氣如何處理？
Q什麼時候要退燒？
Q要不要拍痰？
Q要不要拍打嗝？
Q為什麼寶寶仰睡比較好？
Q親餵的媽咪如果感冒了，還能餵奶嗎？
Q想幫寶寶換配方奶，需一匙一匙換嗎？
Q需要幫寶寶清耳屎嗎？
Q吃過蛋的寶寶才能打流感疫苗？預防針一次可以打幾針？
Q幫男寶寶洗澡，包皮要撥開來洗嗎？
Q寶寶常常便秘，怎麼辦才好？

198 **附錄：每天幫寶寶做！好處多多的嬰幼兒按摩**

幫寶寶按摩前的準備基礎
為寶寶做基本的腹部按摩
為寶寶做基本的腿部按摩
正確了解！寶寶按摩Q&A

養小孩，
其實沒有「一定的規則」

雖然踏進兒科的領域已經十幾年了，但去年轉職到禾馨婦幼診所服務之後，因為就診的對象是以1歲以下的嬰兒為主，所以要輪番面對眾多新手爸媽問題的轟炸，於是又重新下了一番功夫，練就快問快答的能力。

新手爸媽最常遇到的困擾有三種類型：

1.找不到一個可以遵循的規則 （例如：奶量一次或一天應該喝多少？）。

2. 發現自己不合乎規則的標準 （例如：生長曲線為什麼落在後段班？）。

3.需要一位能打破規則的醫師 （希望醫生能跟我說我的小孩沒事。）。

因此我常做的事情就是：

1.建立簡易的規則。

2.把規則標準放寬。

3.告訴家長：「小孩沒事就不要去管規則了」。

衛教，其實也是要因材施教的，因此很難把我的想法寫成每位家長都適合閱讀的文字。希望這本書能對大家有所助益，但別忘了醫生就在你身邊，盡信書不如無書，就近找兒科專科醫師會比上網找答案要來得可靠多了。

禾馨民權婦幼診所**副院長 葉勝雄**

和寶寶一起體驗、成長
才是最重要的

記得老大出生的第一天，在產後病房裡，我興高采烈地幫她換第一次尿布，想不到竟把黏黏的胎便沾到自己的褲子上！醫學系念了7年，兒科住院醫師訓練了5年，竟然連最簡單的換尿布都做不好，結果換完小孩尿布後，連自己的褲子也一起換了。不管書念得再多、病看得再多，等到自己真得當了爸爸後還是得從頭來，一步一步慢慢摸索學習，跟寶寶一起體驗全新的世界。

每個人都是有小孩後，才開始學習怎麼當爸比媽咪的。

當了爸爸後，在門診看小病人時對陪同的爸媽也更能感同身受。以前只會問「夜咳厲害嗎？」，現在都會再問「有咳到吐嗎？有吐到床單或棉被上嗎？在這種天氣很難乾吧，如果最近容易咳到吐，建議可以舖個保潔墊在床上，比較好清理。」這是在陪著自己家小朋友們度過無數次咳嗽的夜晚後，才能體會到生病小孩的父母們的辛苦，以及教科書上沒教的照顧小技巧。

希望這本書對準備當爸比媽咪的您有所幫助，能陪伴您與寶寶一起經歷奇妙的成長旅程。

小禾馨兒童專科**主治醫師** 吳俊厚

一本讓你我的未來
更美好的書

寫一本書，沒辦法解決所有爸比媽咪育兒上將會遇到的所有問題。因為每個孩子都是獨一無二的，面臨的狀況也將會是獨特的，而最適合你的應對之道，自然也是要多方考量後，才能擬定出最適切的計畫。這本書包羅萬象的概括了所有在育兒上會經歷的階段和可能產生的疑問，提供簡單實際好操作的解決方案，讓新手爸媽們輕鬆了解什麼是「一般狀況」，什麼又需要「尋求專業協助」，讓爸媽有效率的照顧嬰兒健康，一舉擊退所有的網路傳言。畢竟，照顧新生兒已經很不容易了，實在不需要「民間流傳」的流言蜚語再來擾亂視聽了！

作為一個營養師和泌乳顧問，我和各位爸比媽咪一樣，很希望寶寶健康成長、無病無痛，除了打預防針之外，最好不用看醫生；因為爸媽輕鬆，全民健保也得以永續發展。希望各位爸媽從這本書上學習到正確的健康觀念，發揮繼續教育國家未來主人翁的重要責任，讓我們的新一代有更健全快樂的成長環境。

禾馨醫療集團**資深營養師、國際泌乳顧問** 吳芃彧

Pengyuh Wu, MS, RD, CNSC, IBCLC

帶寶寶，應該是更輕鬆自然的事

對於即將哺育新生兒的爸媽們，和寶寶相處的第一年是最期待的！

在這個全新且極為珍貴的生命階段裡，許多生活上的事情、突發小狀況…都等待著你（妳）與寶寶一起初體驗，請以興奮探索的心情迎接接下來的12個月吧。

希望透過本書，讓小兒科醫師權威、營養師、護理師的專業陣容，共同告訴爸比媽咪如何帶寶寶最健康、最輕鬆、最快樂！

Part 1

與寶寶初見面以後

終於可以和寶寶一起出院囉！把寶寶帶回家後，有許多初
體驗和突發小狀況等待著爸比媽咪，所以要好好做功課。
本篇章裡要告訴你如何帶寶寶、怎麼和新成員相處，以及
了解寶寶的身心需求。

Part 1

1-1 新生兒檢查

1-2 哺乳與餵奶

Part 2

2-1 副食品概念

2-2 調配副食品

2-3 吃副食品後

Part 3

3-1 呼吸道疾病

3-2 消化道疾病

3-3 皮膚疾病

此時期的不可不知

1.有些疾病是出生後才檢驗得出來，所以一出生的詳細檢查很重要，才能把握黃金治療期。如果初步篩檢結果是「疑陽性」，請勿過度驚慌，記得做二次篩檢並尋求醫師協助與治療。

2.善用兒童健康手冊為寶寶做紀錄，也順便把要請教兒科醫師的問題先寫下，或拍照留存，這樣看診時不易慌亂、醫師也才好判定病情。

3.每位寶寶的成長速度都不同，不需比較或過度勉強寶寶，多觀察寶寶的身心需求與反應，帶寶寶才更輕鬆。此外，寶寶作息與之後的便便習慣是可以慢慢引導及訓練的，可參考兒科醫師在P.98專欄裡所分享的小方法喔。

4.為避免抱寶寶姿勢不良而導致媽咪手部受傷的狀況，需先學習如何保護新生兒頭頸部，以及手掌、手腕正確施力的方法。此外，抱寶寶和為寶寶洗澡，都是爸比很適合做的事喔，因為男生手掌的支撐力夠、力氣也大，爸比們多和家中寶貝親密接觸吧，也為產後媽咪分擔一些辛勞。

Part 1

新生兒檢查 1-1

哺乳與餵奶 1-2

Part 2

副食品概念 2-1

調配副食品 2-2

吃副食品後 2-3

Part 3

呼吸道疾病 3-1

消化道疾病 3-2

皮膚疾病 3-3

新生兒身體檢查重點

許多媽咪是否會覺得，懷孕時我已經做了許多檢查，寶寶出生後哭得那麼宏亮，看起來很健康，為什麼還有這麼多新生兒篩檢要做呢？讓醫師來告訴你。

新生兒篩檢有哪些？

懷孕時的檢查主要是追蹤胎兒的生長、胎盤功能、檢查有無先天性感染、以及一些嚴重的遺傳性基因疾病。**但有些疾病是出生後才能檢驗得出來，而且一開始寶寶的症狀並不明顯**，等到有病症才就醫，往往已過了黃金治療期。相反地，如果寶寶一出生就接受詳細檢查而早期發現、早期治療，大都可以得到不錯的預後。

新生兒篩檢

❶新生兒先天性代謝異常篩檢（政府補助 11 項）。

❷新增新生兒篩檢（龐貝氏症、法布瑞氏症、高雪氏症、黏多醣症、嚴重複合型免疫缺乏症）。

❸聽力篩檢。

❹超音波檢查。

❺基因檢查。

第二代新生兒篩檢

目前政府補助的第二代新生兒篩檢含11項疾病。最常見的是「蠶豆症（G6PD）」、「先天性甲狀腺低下症（Hypothyroidism）」。其它很罕見的代謝性疾病有「苯酮尿症（PKU）」、「高胱胺酸尿症（HCU）」、「半乳糖血症（GAL）」、「先天性腎上腺增生症（CAH）」、「楓漿尿症（MSUD）」、「中鏈醯輔A去氫酶缺乏症（MCAD）」、「戊二酸血症第一型（GAI）」、「異戊酸血症（IVA）」，以及「甲基丙二酸血症（MMA）」。

很多媽咪剛接到初步篩檢「疑陽性」的電話就開始以淚洗面，但實際上絕大多數覆篩結果都是正常的。例如為了確診一位甲狀腺低下症的寶寶，會同時產生33位初篩偽陽性的新生兒，這是因為目前篩檢的技術限制。**如果真的被通知疑似陽性，只要記得再帶寶寶做第二次篩檢，先不要有太多的擔憂，而且大部分的疾病都是可以治療的。**

新增新生兒篩檢

其他政府沒有補助的血液篩檢，則有肌肉張力差的龐貝氏症（Pompe Disease）、全身痛痛的法布瑞氏症（Fabry Disease）、易骨折的高雪氏症（Gaucher's Disease）、身材矮小的黏多醣症 （MPS），以及免疫力低下俗稱「泡泡寶寶」的嚴重複合型免疫缺乏症（Severe Combine ImmunoDeficiency，SCID）。

在施打卡介苗（BCG）預防肺結核以前最好做過SCID檢查，否則患有SCID的寶寶若接受卡介苗施打的話，可能會使減毒的活菌卡介苗跑到全身，而產生嚴重的後遺症。以上這些篩檢可以合併政府補助的11項篩檢一起做，寶寶並不會多痛一針喔。

那如果新生兒篩檢結果有問題，會不會被保險公司拒保呢？還好金管會有規定保險公司，要求保險業者將新生兒篩檢之11項疾病（及未來新增）排除於等待期的規範之外；另外還規定，如果新生兒篩檢屬告知事項應於要保書清楚說明，若篩檢結果為陽性，應視個別狀況延期承保或以其它適當方式處理，不宜以此篩檢結果予以拒保。所以為了寶寶的健康著想，還是越早做檢查越好。

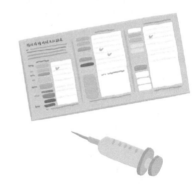

台灣現有的新生兒篩檢項目

第二代新生兒篩檢		新增新生兒篩檢
常見疾病	罕見疾病	政府無補助
蠶豆症	苯酮尿症	龐貝氏症
先天性甲狀腺低下症	高胱胺酸尿症	法布瑞氏症、高雪氏症、黏多醣症
	半乳糖血症	嚴重複合型免疫缺乏症
	先天性腎上腺增生症	
	楓漿尿症	
	中鏈醯輔A去氫酶缺乏症	
	戊二酸血症第一型	
	異戊酸血症	
	甲基丙二酸血症	

病名	發生率	病因	症狀	治療
蠶豆症 葡萄糖-6-磷酸鹽去氫酵素缺乏症 （G6PD）	百分之3；男生居多	紅血球內葡萄糖代謝異常，使其處理氧化物能力不足，故遇到大量氧化物時，紅血球會溶血	新生兒黃疸、急性溶血	無特別治療方式；避免接觸奈丸、紫藥水、蠶豆 就醫時要告知醫師以避免特殊的藥物（磺胺類）
先天性甲狀腺低下症 （Hypothy-roidism）	3千分之一	甲狀腺分泌的賀爾蒙（T3、T4）不夠，而上游--長官腦下垂體為了刺激下游--甲狀腺工廠產生更多賀爾蒙，會分泌更多的中促素（TSH）。造成T3、T4低下，而TSH上升	小鼻、腹脹、便祕、哭聲沙啞、餵食困難、長期黃疸、生長遲緩 最重要會影響腦部與身長，若不治療會導致「呆小症」。早期診斷與治療非常重要，出生1-2個月內治療的話，就可以跟正常人一樣，但若等到6個月大才開始治療會影響永久智力與身高發展	服用甲狀腺素，並定期追蹤血液中甲狀腺功能。醫師會隨著體重調整藥物劑量，3歲左右有可能停藥
龐貝氏症 （Pompe Disease）	3萬分之一	溶小體是細胞內的一個構造，裡面的某一酵素缺乏，使肝醣無法代謝而堆積在溶小體內	出生後漸漸四肢肌肉無力與心臟肥大	注射酵素
法布瑞氏症 （Fabry Disease）	4萬分之一；男性為主	另一種溶小體酵素缺乏，使GL-3物質無法代謝而大量堆積在細胞內	因為此基因位於X染色體上，所以男性居多。會使神經異常感覺或疼痛，患者會以為自己得到「痛痛病」。也會造成心臟、腎臟、腦部病變。若無篩檢常到30歲以後才被診斷出來	注射酵素

Part 1
新生兒檢查 1-1
哺乳與餵奶 1-2
Part 2
副食品概念 2-1
調配副食品 2-2
吃副食品後 2-3
Part 3
呼吸道疾病 3-1
消化道疾病 3-2
皮膚疾病 3-3

	發生率	病因	症狀	治療
高雪氏症（Gaucher's -Disease	10萬分之一	也一種溶小體酵素缺乏，使醣脂類堆積在骨髓細胞與腦部	運動失調、骨折、肝脾腫大	骨髓移植、注射酵素
黏多醣症（MPS）	5萬分之一	黏多醣代謝異常	身材矮小、關節僵硬、肝脾腫大、心臟病	骨髓移植、注射酵素
嚴重複合型免疫缺乏症（SCID）	美國6萬分之一；男生居多	免疫功能缺損	易感染細菌、黴菌、病毒導致敗血症，若此疾病未及時被診斷出來，常於1歲內因嚴重感染而死亡	骨髓或臍帶血幹細胞移植
苯酮尿症（PKU）	3萬分之一	胺基酸代謝異常	尿液霉臭味、智力低下、生長遲緩、膚色與毛髮較淡	特殊飲食與藥物
高胱胺酸尿症（HCU）	50萬分之一	胺基酸代謝異常，導致體內高胱胺酸大量累積	智能不足、骨骼發育不良、血栓	特殊飲食與維生素B6
半乳糖血症（GAL）	70萬分之一	乳糖代謝異常	嗜睡、黃疸、肝脾腫大、白內障	特殊配方奶（豆奶）
先天性腎上腺增生症（CAH）	萬分之一	腎上腺合成類固醇的酵素缺乏，導致雄性素增加，電解質失調	嘔吐、電解質失調、體重不良、女嬰男性化	藥物治療
楓漿尿症（MSUD）	美國20萬分之一	細胞內粒線體酵素缺乏，導致3種毒性胺基酸累積體內	尿液焦糖味、嘔吐、黃疸、抽搐	特殊飲食
中鏈脂肪酸去氫酵素缺乏症（MCAD）	美國1-2萬分之一	脂肪酸代謝異常	低血糖、腦病變	治療低血糖、藥物治療
戊二酸血症第一型（GAI）	<萬分之一	有機酸血症	腦病變	特殊奶粉
異戊酸血症（IVA）	<萬分之一	有機酸血症	嘔吐、嗜睡、尿液臭有腳丫味道	特殊奶粉
甲基丙二酸血症（MMA）	5萬分之一	有機酸血症	嘔吐、昏迷	維生素B12

聽力篩檢項目

在寶寶剛出生時不容易觀察得到聽力異常，而且對聲音有反應也不代表兩耳都聽得到。新生兒聽力異常比例為千分之一到三，**篩檢目的是3個月前確定診斷，6個月前開始治療，避免錯過寶寶聽力、語言、認知發展的黃金期**。目前檢驗方式主要為自動聽性腦幹反應（Automated auditory brainstem response，AABR），比起傳統耳聲傳射（Otoacoustic emission，OAE）的準確度更高。每個台灣的寶寶一出生時，政府都有補助此項篩檢喔。

超音波篩檢項目

目前新生兒超音波為自費檢查，包含腦部、心臟、腹部、腎臟、髖關節等。許多媽咪會覺得懷孕時都照過高層次超音波了，應該已經萬無一失了吧？但其實胎兒時期許多器官的構造與出生後不同，如心臟的開放性動脈導管（Patent ductus arteriosus，PDA）與卵圓孔（patent foramen ovale，PFO）在胎兒時是正常存在的，但寶寶出生後應該慢慢閉合，若持續存在的話，則需由小兒心臟科醫師持續追蹤。又例如胎兒時期肺部血壓較高，左右兩側心室壓力差不多，所以心室中膈缺損（Ventricular Septal Defect，VSD）在胎兒時期的超音波是很難診斷的，出生後等肺血壓降低，兩側心室壓力差產生，需照超音波才比較容易發現。

而髖關節超音波檢查主要是早期發現發展性髖關節發育不良，小兒科醫師會以徒手檢查新生兒髖關節的穩定性，但一般剛出生很難立刻確診，髖關節超音波則可大幅提高此疾病的早期診斷率。如果早期診斷出此狀況，只要穿吊帶支架固定一段時間等關節成熟即可，但若長大才發現的話，則往往需要開刀了。

Part 1
新生兒檢查 1-1
哺乳與餵奶 1-2
Part 2
副食品概念 2-1
調配副食品 2-2
吃副食品後 2-3
Part 3
呼吸道疾病 3-1
消化道疾病 3-2
皮膚疾病 3-3

基因檢查項目

血液基因晶片檢查包含：

❶先天中樞性換氣不足症候群，或稱為新生兒呼吸中止症（Congenital Central Hypoventilation）。

❷新生兒感覺神經性聽損基因。

❸先天性巨大細胞病毒感染。

新生兒呼吸中止症的寶寶在白天一切正常，但晚上熟睡時的呼吸會越來越慢，甚至忘記呼吸導致缺氧或猝死。主要是因為 [PHOX2B] 此基因發生突變，早期診斷有助採取預防措施，提高寶寶存活率。

新生兒感覺神經性聽損基因的寶寶，一出生不一定會馬上被聽力篩檢AABR所發現，因為**許多聽損基因是晚發型、藥物引發型或是輕度聽損，而且90%以上的聽損寶寶父母的聽力是正常的，所以夫妻雙方聽力正常，寶寶仍有接受聽力基因篩檢的意義。**若帶有聽損基因的寶寶確診後，可依不同基因型態預測不同照護或手術方式所帶來的治療效果，以採取適合的預防措施，以免聽力持續惡化，能及早把握寶寶語言學習黃金期。

懷孕媽咪若在孕期感染巨大細胞病毒，則寶寶出生後可能會影響到聽力、視力、腦部發展與肝功能…等。台灣平均一年有3600個新生兒會感染先天性巨大細胞病毒，而先天聽力異常的寶寶有8%是因為巨大細胞病毒感染所致，早期發現可以提早治療與保護聽力，所以爸媽們不可輕忽。

寶寶出生後須打維生素K

每個寶寶出生後接受的第一針，就是維生素K。維生素K是合成凝血因子重要的必須元素，如果缺乏會導致凝血功能障礙，容易在臍帶處、頭皮血腫處、割包皮處…等出血不止，嚴重的甚至會導致腦部出血而死亡。

由於寶寶出生後體內的維生素K含量很少，而且在母乳裡的含量也不夠寶寶所需。所以剛出生的寶寶都會在大腿接受一針維生素K肌肉注射。請爸比媽咪們放心，寶寶打完後通常10秒內就不哭了。

Part 1
新生兒檢查 1-1
哺乳與餵奶 1-2
Part 2
副食品概念 2-1
調配副食品 2-2
吃副食品後 2-3
Part 3
呼吸道疾病 3-1
消化道疾病 3-2
皮膚疾病 3-3

開始使用兒童健康手冊

帶寶寶離開醫院前都會拿到一本兒童健康手冊，許多人都以為打預防針時蓋章紀錄才需要用到。其實這本手冊處處充滿寶藏，比起網路上許多讓人不知真假的傳言，倒不如好好讀讀這本手冊。

手冊第一部分為照顧新生兒必知的知識，例如怎麼抱寶寶、怎麼幫寶寶洗澡、如何哺餵母乳、寶寶大便的顏色、新生兒篩檢的重要與預防新生兒猝死症。

第二部分為寶寶健康紀錄，包含身高、體重、頭圍的生長曲線百分位圖，兒科醫師看一眼就可以知道寶寶從小到大的生長狀況，而且現在有些手機APP（如禾馨）還可以自動畫好曲線圖。還有每次打預防針與做兒童預防保健時（政府補助7次），**建議爸比媽咪在家先依照手冊裡寶寶健康發展情況做紀錄，順便把要請教兒科醫師的問題先寫在手冊上**，以免在診間寶寶大哭時突然忘記要問的問題（當然現在更多家長是直接記在手機裡！）。兒科醫師也會在當次寫下寶寶生長與發展評估並提醒注意事項。

第三部分為衛教指導，內容包山包海。從新生兒腸絞痛、發燒照顧、避免腸病毒、添加副食品順序、培養寶寶良好睡眠習慣、清潔口腔與牙齒、視力保護到每個年紀營養素需攝取多少克都應有盡有。如果內容都一一看完的爸媽必定功力大增。

第四部分為預防接種，裡面有自費與公費疫苗介紹，各種預防針的副作用…等。其中預防接種紀錄的黃卡要永久保存，小孩入小學或出國留學時都會用得到。不過，萬一遺失了也可以到衛生所補發證明。

認識新生兒與照護

想快點拉近你（妳）寶寶的距離，先從熟悉寶寶的生理現象與動作、如何照護開始吧！爸比媽咪請用輕鬆的心情嘗試學習，有了這些知識做基礎，面對寶寶時，就不會那麼慌亂了。

新生兒的生理現象與外觀

嬰兒室門口，我跟各位媽咪解釋寶寶狀況。

醫生：「媽咪，您的寶寶很健康，只是耳朵前有一個小瘜肉」

A媽咪：「對對對，我老公也是這樣」

醫生：「媽咪，您的寶寶很健康，只是手掌有斷掌紋。」

B媽咪：「對對對，他爸比也是這樣」

醫生：「媽咪，您的寶寶很健康，只是小雞雞特別長。」

C媽咪：「對對對，我老公也是這樣」

醫生：「……」

很多新生兒的外觀有些會跟自己的爸比或媽咪很像，如大大的眼睛配上雙眼皮（歐，好羨慕）、小小的嘴巴，尖尖的下巴，有些卻有著自己獨一無二的特殊表現，展示寶寶自己與大人的不同。以下一一介紹新生兒特殊的身體生理現象。

❶脹氣

「醫生，我的寶寶有沒有脹氣？」這句話，我每天都會在兒科診間被媽咪、爸比、阿公、阿嬤問好幾遍。這應該是新生兒最正常的「問題」了吧。

依診間經驗，在台灣大約有8-9成的家長都會覺得自己的寶寶有脹氣。主要是寶寶有時會哭鬧，可是明明剛剛才餵過奶，尿布也沒有濕，怎麼還會哭？接著看到寶寶肚子脹脹的，就推測寶寶應該是脹氣不舒服。其實新生兒的腹部肌肉還沒有發育成熟，而且奶本身就是容易產氣的食物，寶寶出生後1-2個月時的肚子本來就會越來越鼓，敲起來也會有點砰砰的聲音。只要沒有合併持續嘔吐、體重成長遲滯、血便等，絕大多數脹氣都是正常的生理現象，不需要藥物治療。

Part 1

新生兒檢查
1-1

哺乳與餵奶
1-2

Part 2

副食品觀念
2-1

調配副食品
2-2

吃副食品後
2-3

Part 3

呼吸道疾病
3-1

消化道疾病
3-2

皮膚疾病
3-3

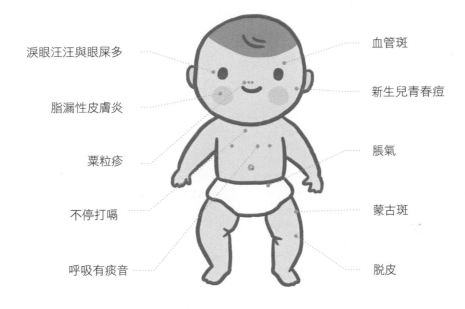

涙眼汪汪與眼屎多

脂漏性皮膚炎

粟粒疹

不停打嗝

呼吸有痰音

血管斑

新生兒青春痘

脹氣

蒙古斑

脫皮

❷呼吸有痰音

「醫生，我的寶寶呼吸有痰音、也像小豬叫、還有鼻塞，是不是感冒了？」不是的，這是正常現象，請放心。因為新生兒呼吸道比較狹小，軟骨也還沒有完全長硬，呼吸空氣時經過比較狹窄的呼吸道就會有雜音出現。這種聲音因人而異，有人大聲也有人小聲。通常在寶寶用力吸奶時會比較大聲。

一般新生兒很少會感冒，因為大都待在家裡或月子中心，接觸傳染源的機會很少，除非剛好主要照顧者如爸比媽咪或親密接觸者如大寶也感冒，

則二寶會有明顯的水狀鼻涕增加（正常是乾鼻屎），接著也會開始咳嗽，這時就要密切注意體溫變化。**如果只是純粹長期呼吸有雜音，但沒有鼻涕變多以及咳嗽，就是正常生理現象，等幾個月後寶寶呼吸道隨著年紀變大，聲音自然漸漸消失。**

❸不停打嗝

其實寶寶在媽咪肚子裡就會打嗝了，有的媽咪懷孕時就會注意到了，打嗝的頻率約1秒1次，與胎動很好區分。這是正常的橫膈膜肌肉收縮，可能是胎兒在媽咪肚子裡訓練呼吸肌肉的方式，在出生後仍會觀察到的一種

正常生理現象，一般於10分鐘以內會自動停下來，寶寶通常也不會有什麼不舒服的表現。**但不建議喝水來讓寶寶停下來，因為通常沒效而且容易因為喝水嗆到，等打嗝自然停止就好。**

❹蒙古斑

9成以上的東亞人或多或少都會在下背部與臀部發現蒙古斑，多為淡黑色。有的寶寶蒙古斑比較大，可能延伸到上背部，甚至在腳踝處、手腕處也很常見。特徵是一出生就看得到，而且邊界明顯、不會變化，**一般到3-5歲的幼稚園年紀就會慢慢消失。**

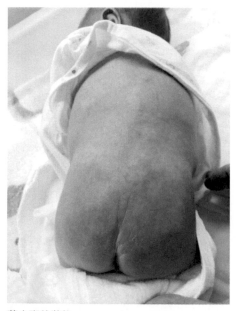

蒙古斑的狀態。

❺血管斑

新生寶寶額頭、上眼皮、頸後的皮膚常常會發現紅色斑點，有時常被會誤會是壓迫或太熱造成，實際上是常見的皮膚表面微血管增生。在溫度熱與寶寶用力的時候，血管擴張會比較明顯，在溫度冷與安靜的時候則比較淡。**一般在1歲左右都會慢慢退掉至完全看不見，不需要擔心會永久存在。**

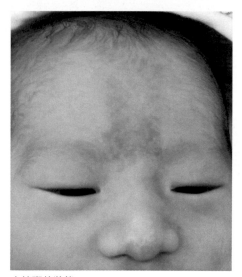

血管斑的狀態。

❻淚眼汪汪與眼屎多

如果看到寶寶眼睛淚眼汪汪、眼睛分泌物多，可能就是先天性鼻淚管阻塞。一般人會正常持續分泌眼淚，順著鼻淚管流到鼻腔，但約5%的新生兒一開始會鼻淚管不通，可能是太狹窄

Part 1

1-1 新生兒檢查

1-2 哺乳與餵奶

Part 2

2-1 副食品概念

2-2 調配副食品

2-3 吃副食品後

Part 3

3-1 呼吸道疾病

3-2 消化道疾病

3-3 皮膚疾病

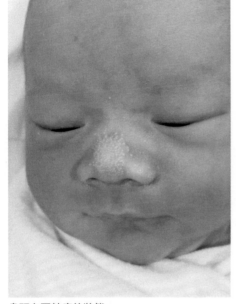

鼻頭有粟粒疹的狀態。

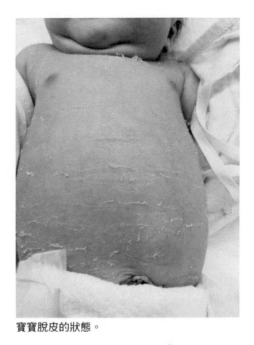

寶寶脫皮的狀態。

或是有瓣膜擋住，導致眼淚流不下去鼻腔而積在眼睛，久了就變成較黏的眼屎。通常為單側發生。**建議可以每天用手指指腹由上往下幫寶寶按摩鼻樑患側（大人戴眼鏡鼻托的部位）**，絕大多數就會在6個月內改善了。

❼粟粒疹

寶寶一出生，就可以看到鼻頭很多小小白白針尖大小的疹子，主要是皮膚角蛋白的累積。有時候會散發在臉部其他的部位，通常幾週後會自然消退。不要特意去用手擠，以免產生傷口導致感染。

❽脫皮

寶寶剛出生時，在四肢處易有脫皮現象，偶而會在身上也看到。特別是懷孕週數較大如39-40週的寶寶更是常見。滿月內會自行改善，如果覺得太乾可以擦點乳液。

❾新生兒青春痘

滿月左右的寶寶臉頰上常有一顆一顆像青春痘的小痘痘，**主要是受媽咪賀爾蒙的影響所產生**，以我的診間經驗來看，喝母乳的寶寶更常有這種情況，但大多在2個月就會自然消失，不需要特別擦藥治療。

❿脂漏性皮膚炎

這是出生後3-4週起，寶寶的眉毛、耳朵、額頭、頭皮開始會有一些黃黃油油的塊狀痂皮，聞起來有臭臭的油垢味的現象。脂漏性皮膚炎的原因為皮脂腺分泌旺盛或身體對黴菌反應有關。絕大多數在幾週內會自行緩解，**若痂皮太厚，則可在洗頭前先用嬰兒油軟化，再用嬰兒洗髮精沖洗，千萬不要在痂皮乾的時候硬摳下來，會造成傷口。**

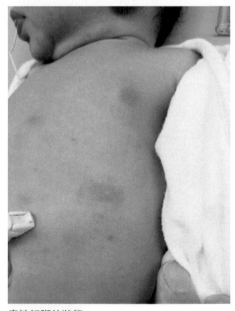

毒性紅斑的狀態。

寶寶的原始反射動作

細心的家長常會見到新生兒手或腳不停顫抖，有的寶寶連下巴也會抖動，或剛放寶寶到床上時，有時也會見到寶寶雙手突然伸出要擁抱狀，這些都是正常的原始反射行為，而不是特別的疾病。以下介紹一些常見的原始反射動作：

❶順利進食的必備三大反射：尋乳（Rooting）、吸吮（Sucking）、吞嚥（Swallowing

尋乳反射是指寶寶餓時，媽咪乳頭碰到寶寶的臉頰，寶寶頭會轉到臉頰被碰觸的方向，藉此定位含到乳頭。吸吮反射是唇接觸到物體時，會有吸吮的動作，好讓乳汁能從乳頭流出來。吞嚥反射則是咽喉有液體進入寶寶喉部會有吞入嚥下的動作。健康的足月兒一出生就具備這三項原始反射，但彼此間可能協調不是很一致，有的需要一點時間適應。

❷驚嚇反射（Moro Reflex）

寶寶頭部突然失去依托或有大聲響的刺激，會見到雙手臂張開做出擁抱動作，手掌張開再握緊，頭腳伸直，這是正常的反射行為，大概4個月就會消失。這是人類演化上一種保護的反

Part 1

1-1 新生兒檢查

1-2 哺乳與餵奶

Part 2

2-1 副食品概念

2-2 調配副食品

2-3 吃副食品後

Part 3

3-1 呼吸道疾病

3-2 消化道疾病

3-3 皮膚疾病

射行為，例如在媽咪身上突然不平衡要掉落時就會嘗試抓住媽咪的本能。

❸抓握反射（Grasping Reflex）

刺激寶寶手掌，會使其手指緊握不放，這種反射行為大約6個月會消失。

❹頸張力反射動作（Tonic Neck Reflex）

將寶寶頭轉向一側，會使其該側手腳伸直，有點像射箭的姿勢。這種反射大約1個月大才會出現，7個月前會消失。

❺放置反射（Placing response）

將寶寶直立抱起，以桌面輕碰觸其腳背，會見到寶寶膝蓋抬起來，像是抬腳走路般。

❻手腳抖動

新生兒手腳很容易觀察到不自主抖動，尤其在沒有包覆的情況下，偶而也可以看到下巴抖動，一般時間很短暫，不超過10秒鐘，大人可以輕輕用手握住抑制下來。這種現象通常是正常的，在3個月內會因為腦部逐漸成熟而自然消失。

新生兒日常照護

爸比媽咪剛從醫院或月子中心回到自己的家，終於要自己照顧寶寶了，心情一定又興奮又緊張，只要注意以下幾件事，一定可以順利成功的。

❶觀察與測量體溫

寶寶的體溫很重要，3個月的寶寶發燒是一定要住院觀察的，1個月內的寶寶發燒甚至要做腰椎穿刺的檢查排除腦部感染。所以如何準確地測量、幾度算發燒就很重要了。

發燒定義是指，身體內部體溫38度以上，37.5至38度就有可能是生病發燒前兆，得持續追蹤測量體溫。肛溫是目前最準確的測量方式，其次是耳溫。但新生兒耳道比較小，**一般3個月以上的寶寶用耳溫槍才比較準確**。正常情況下，腋溫比肛溫低0.8度，不過若一直重複測量肛溫，會擔心寶寶肛

門黏膜受傷，所以**一般3個月以下的健康寶寶最好以腋溫或背溫當平時測量的方式**，若寶寶有懷疑發燒時再量肛溫來確定。3個月以上可以改用耳溫槍來測量。至於額溫槍比較容易受干擾，誤差值較大，通常於門診篩檢發燒時使用，家裡比較不適合用。

測量兩耳溫度不一樣是很常見的，以溫度高的那耳為準，溫度低的可能是沒對準耳道或是有耳屎阻塞。新生兒如果量到體溫偏高，要考慮是否因為穿太多、環境溫度太高導致。可以先減少被蓋、通風後等10分鐘再量一次，如果還是大於38度就需就醫。

❷維持合適的室內溫度

室溫25-28度對寶寶是最舒適的，環境最好通風，夏天炎熱可以開冷氣，否則寶寶很容易長痱子、濕疹；而且過熱與新生兒猝死症有關。

❸適時增減衣物

寶寶手腳冰涼、可是頭卻一直冒汗，到底寶寶是冷還是熱啊？因為寶寶末梢循環比較差，常常體溫正常但還是手腳摸起來涼涼的，如果不想一直使用溫度計，可以用手感覺寶寶背部，如果還是溫暖就是體溫正常。

新生兒衣著可以跟大人一樣，最多再加一件。例如大人穿一件短袖，寶寶可以也穿一件，最多再穿一件。以「棉質透氣舒適」為主。肉肉的寶寶很怕熱，因為脂肪層很厚等於穿一件脂肪衣在身上了。門診常見到爸媽穿短袖、寶寶卻被包裹的像粽子一樣，當然長痱子的機率就很高。

Part 1

1-1 新生兒檢查

1-2 哺乳與餵奶

Part 2

2-1 副食品概念

2-2 調配副食品

2-3 吃副食品後

Part 3

3-1 呼吸道疾病

3-2 消化道疾病

3-3 皮膚疾病

❹消毒臍帶根部

每天要以75%酒精消毒臍帶根部，一般臍帶於兩週左右會掉落，掉落後仍會有幾天分泌物，要繼續清潔到完全沒有分泌物為止。

❺大小便次數與狀態因人而異

寶寶尿得多，表示喝得多。出生後原則上第1天要尿1次、第2天要尿兩次、以此類推到第6天以後每天要尿6次，而且是指尿布有點重量的次數。

如果尿布上看到尿是橘紅色，表示是結晶尿，有可能是寶寶喝太少奶的警訊。至於大便次數就因人而異，只**要寶寶長得好、喝的下、精神活力正常，一天大3次或3天大一次都是正常**的情況喔。

喝母乳的寶寶很特別，在1個月內通常1天可以大到6-10次，有時因為大便很稀，肚子一用力就跑出一點便便到尿布上。神奇的是很多純母乳寶寶到1個月以後大便會越來越少，往往3-7天才大便1次，一大就很多像土石流一樣衝出尿布沾到衣服背後，我還見過一位喝純母乳的健康寶寶曾經有過21天才大1次呢。

其實，寶寶的大便顏色比次數要重要許多，如果大便是黃色、綠色都是正常的。喝配方奶的寶寶因為鐵質含量高的關係，會讓大便比較偏綠（請參考大便卡9號顏色），而純母乳的寶寶大便通常比較金黃色（請參考大便卡7號顏色）。如果寶寶整個大便都是只有白色、灰色（請參考大便卡1-6號顏色），那就要擔心是不是膽汁沒有流到腸胃道，要盡速就醫檢查。

❻避免接觸感染

新生兒免疫系統尚未發育完全，就算是只對成人造成輕微症狀的病菌，都可能會對新生兒產生危險，所以最好避免接觸有生病的人。來家中的訪客是越少越好，尤其是在上幼稚園的小孩儘量避免。若有大人要抱寶寶的話，希望都能戴上口罩，雙手要以肥皂先洗乾淨。

關於新生兒黃疸

「醫師，請問我的寶寶有沒有黃疸」這是我最常被爸比媽咪問的第一個問題了，甚至才剛生完沒幾個小時的爸媽就開始擔心了。請爸比媽咪不用太早擔心，**黃疸其實是每個新生兒必經的過程，自然過程是在出生2-3天後才會慢慢上升，一直到5-7天為黃疸高峰期，之後會再慢慢地降低。**

寶寶黃疸是不是像大人一樣表示有肝病呢？當然不是囉。黃疸主要成因是剛出生的寶寶血紅素比成人高很多，血紅素代謝會產生膽紅素，但肝臟處理膽紅素的速度卻又比成人慢很多，膽紅素來不及排出。就像過年時高速公路的車流量激增，但處理收費

的收費站卻縮減，就會累積長長的車陣。而**膽紅素累積在全身會讓皮膚與眼白看起來黃黃的，稱為黃疸，是一個正常新生兒的生理現象。**

那為什麼又要測量黃疸數值呢？主要是少數極高的膽紅素可能會累積在腦部的基底核引起「核黃疸」，因為基底核是腦部整合肌肉運動的重要部位，所以核黃疸會導致腦性麻痺甚至死亡。聽起來雖然很可怕，但因為現在醫療很發達，每位新生兒都會常規驗黃疸值，只要超過當日的標準值就會開始照光治療，所以核黃疸已經很罕見了。

如果黃疸照光會下降，那寶寶在家曬太陽或照日光燈不就好了，為什麼一定要住院照光呢？這主要是因為照光儀器是使用最有效的藍光波長（390-470nm），其他波長的光不但沒效，甚至會逆轉照光的效果。而且照光效果與照射寶寶皮膚的面積成正比，所以在醫院照光寶寶都是只包尿布不穿衣服的。而在家裡照光不但不是特定的有效波長，照射面積只有臉部而已，只佔全身皮膚一小部分，效果微乎其微。

大便顏色也與黃疸有關

此外，大便顏色也與黃疸有關係，需注意一下。主要是我們亞洲人罹患「膽道閉鎖」這個罕見疾病的機率比較高，約萬分之2-3左右。膽道閉鎖的寶寶大便因為沒有膽汁而流到腸子裡，所以大便會灰灰白白的，而不是正常有膽汁成分的黃色或綠色。**如果寶寶大便顏色較淡，最好比對兒童手冊裡大便卡的顏色，若是顏色是1-6號要立即找小兒腸胃科醫師檢查，出生45天內是治療黃金期。**

有時寶寶黃疸2-4週以上仍有黃疸的話，兒科醫師會建議驗一下血液。抽血目的不是要驗黃疸值多高，而是區分寶寶黃疸是「直接型黃疸」還是「間接型黃疸」。「直接型黃疸」表示肝膽系統有問題，可能是新生兒肝炎或膽道疾病，要進一步檢查。「間接型黃疸」則大多與純母乳有關，對健康沒有影響，不需擔心。

媽咪問！已經黃疸的寶寶還能餵母乳嗎？

大家都說餵母乳會讓寶寶黃疸，如果寶寶已經黃疸，那我還要繼續餵母乳嗎？餵母乳的寶寶比較容易黃疸，要區分成兩種情況。一種是「早發型黃疸」另一種是「晚發型黃疸」。

早發型黃疸主要是餵食量不足，脫水而導致黃疸上升，處理方式是「更增加餵母乳的頻率，並注意寶寶體重變化」。晚發型黃疸是指母乳內某些成分會干擾黃疸代謝，所以寶寶黃疸退的比較慢，這種情況當然還是可以繼續餵母乳，因為黃疸不會再持續上升，只是退的比較慢而已，純母乳寶寶可能到2-3個月才會完全黃疸消失。

Part 1
1-1 新生兒檢查
1-2 哺乳與餵奶
Part 2
2-1 副食品概念
2-2 調配副食品
2-3 吃副食品後
Part 3
3-1 呼吸道疾病
3-2 消化道疾病
3-3 皮膚疾病

去除寶寶乳痂

「天啊！我的寶寶怎麼滿頭都是黃黃油油的，看起來好髒啊！」

「阿嬤說可以擦麻油，真的嗎？」

大約3週大的寶寶，在眉毛、頭皮、耳朵、臉頰附近會開始有些黃黃白白的脫屑。這些皮屑看起來油油的、聞起來臭臭的，媽咪常會以為是沒幫寶寶洗澡沒洗乾淨，其實這是常見的新生兒皮膚變化，稱為「脂漏性皮膚炎」。研究顯示與寶寶皮脂腺過度分泌、以及對特別皮膚黴菌的反應有關。這些皮膚炎變化一般在4-6個月會自然消失，很少需要治療。

但有的寶寶情況會比較嚴重，在頭皮處會累積一層一層乾乾厚厚的痂皮。因為這些是油脂成分，清除技巧是要用能溶解油脂的清潔用品，單純用清水是不容易清掉的。**可以在洗澡前先塗一點嬰兒油在頭皮上，讓痂皮溶解軟化，再用嬰兒洗髮精慢慢地搓揉掉。**使用一些專門設計給脂漏性皮膚炎擦的乳液也會有幫助喔。千萬千萬不要直接用手指摳乾的痂皮，會引起皮膚表皮受傷，增加感染機會。

有時候家長會試著用一些家裡的油來使用溶解痂皮，植物油或礦物油是可以考慮嘗試。但我在門診常看到擦了麻油、椰子油過敏的寶寶，所以還是用嬰兒油比較保險。

如果上述方法都試過了，脂漏性皮膚炎還是很厲害，還是帶給小兒科醫師檢查吧，少數寶寶可能會需要局部的外用藥膏來幫忙緩解症狀。

Part 1

1-1 新生兒檢查

1-2 哺乳與餵奶

Part 2

2-1 副食品概念

2-2 調配副食品

2-3 吃副食品後

Part 3

3-1 呼吸道疾病

3-2 消化道疾病

3-3 皮膚疾病

照顧雙胞胎的小建議

政府印的兒童健康手冊很貼心,有專門給雙胞胎家長(舉手!我們家就是)的建議。不過第一點竟然是…

「你可能需要更大的住家空間與較大的車子」

「............」

很抱歉,我翻到最後一頁,還是沒有看到大房子或大車子的折價卷。還是講點實際的經驗談吧。以下分享三個給雙胞胎家長的生活小建議:

❶作息一定要固定

每天喝奶、洗澡、睡覺的時間最好固定。越早養成固定的作息,家長輕鬆的日子才越快到來。不然一個寶寶累了想睡覺,一個才剛睡飽起床想玩,大人實在會很痛苦。睡覺習慣是一定可以養成的,只要在每天固定的時間、做固定的睡眠儀式(如洗澡→喝奶→聽故事→關燈聽音樂睡覺),步驟順序不要換來換去,讓寶寶習慣依序做完這些事就知道要睡覺了。我們家睡覺時還固定放一樣的輕柔背景音樂,聽著聽著就慢慢進入夢鄉了。

❷使用雙人嬰兒推車

買個雙人嬰兒推車,爸比一個人就可以帶兩個寶寶出門,讓媽咪有時間喘口氣休息一下。個人覺得前後式雙人嬰兒推車比較方便,並排式雙人推車在某些地方出入比較困難。

❸尊重個體的差異,不要比較

每個寶寶都是獨特的,就算是同卵雙胞胎,彼此的食量、發展、氣質、興趣也不會完全相同,每個寶寶成長的步伐也不一樣。請記得大有大的好、小有小的妙;快有快的驚喜、慢有慢的感動。千萬不要說他(她)早都會了,你(妳)怎麼還不會。要多用鼓勵的話,陪著他(她)一起成長。

對寶寶很重要的親密接觸

抱寶寶、幫寶寶洗澡、哄寶寶…等是爸比媽咪每天都要做的事，這些重要的親密接觸能給予寶寶很大的安全感。如果你（妳）是新手爸媽，先來聽聽兒科醫師怎麼說，其實有許多技巧能幫助爸比媽咪更快上手。

如何抱寶寶

有次查房時，在門外就聽到寶寶異常宏亮的哭聲，開門後見到幾個小時前才剛升格的新手爸比，雙手僵硬、神情緊張的抱著寶寶，把寶寶向端槍練習刺槍術般遠離自己的胸口。我自告奮勇接手抱寶寶，輕輕晃一下寶寶就不哭了。新手爸比不可置信瞪大了眼睛說：「果然是小兒科醫師！」。老實講，醫學院才沒有教醫師怎麼抱寶寶，每個人（包含兒科醫師）都是自己當爸比媽咪後才開始學會抱寶寶的。

新生兒的脖子肌肉控制力不好，所以抱新生兒最重要的是要「保護新生兒的頭頸部，以及避免不穩的頸部過度彎曲」。那要如何將寶寶從床上抱起呢？爸比媽咪可以參考下方步驟流程實作看看。

爸媽一起學！抱寶寶的正確姿勢

1 一隻手掌張開先放在寶寶頭部下方。

2 另一隻手伸入寶寶臀部下方。

Part 1
1-1 新生兒檢查
1-2 哺乳與餵奶

Part 2
2-1 副食品概念
2-2 調配副食品
2-3 吃副食品後

Part 3
3-1 呼吸道疾病
3-2 消化道疾病
3-3 皮膚疾病

媽咪問！如何避免媽咪手？

正確抱寶寶的一大重點是，請注意將五指併攏，大拇指不要與其他四指分開，手腕與手掌要水平。讓手平均分攤寶寶重量，不要過度集中在虎口與大拇指處。這樣就可以避免媽咪手囉！

抱寶寶要注意手勢，因為如果抱寶寶的手勢不對，時間一久，很容易手腕大拇指側會疼痛，導致「媽咪手」。這是因為我們平常很少會一直使用到手部的部分肌肉，抱寶寶時為了固定寶寶，而大拇指過度外展，產生「狹窄性肌腱滑膜炎」，因為發炎腫脹而疼痛。

檢查方式是將四指包住彎曲的大拇指，手腕往小指處彎曲，若引發疼痛就可以診斷出來；治療方式就是叫老公抱寶寶，手部儘量休息（這怎麼可能！）。有一種護具內涵鐵片可以固定大拇指與手腕位置，防止大拇指過度外展，我覺得很有用。真的很痛可以吃點止痛消炎藥，暫時緩解一下。

3 維持寶寶頭、頸、身體一直線，不要讓寶寶頭部往後掉或過度前傾，把寶寶慢慢抱起來貼近胸前。

4 讓寶寶頭靠在手肘上，另一隻手繼續托住臀部。

寶寶沐浴初體驗

認真算了一下，幫家裡3個小孩洗澡應該加起來有快5千次了。小孩從剛出生只會傻呼呼地邊洗邊瞪著我瞧，到現在可以自己拿水洗式蠟筆在浴室牆上邊畫邊開心地解說。洗澡，不只是洗澡，對爸媽來說更是成長的陪伴與愛的記憶。誒，通常還附贈腰酸背痛這個小禮物。以下分享幾個小技巧，能讓你（妳）幫寶寶沐浴更順利：

❶沐浴的水溫約為40度

一定要先放冷水再放熱水避免燙傷，水溫約40℃左右的溫度（38-40℃），如果沒有溫度計可以用手背試試水溫。記得換洗衣物跟尿布要放在旁邊，如果天氣較冷，可以先把兩件衣服的袖子套在一起，讓寶寶洗好後能夠同時穿上。

洗澡輔助工具

寶寶浴盆，另外強力推薦買一張沐浴網床。

安全提醒

❶先放冷水再放熱水，放寶寶進入浴盆前，爸比媽咪自己一定要先用手試過水溫。

❷不論小孩年紀多大、水多淺，絕對不要把小孩單獨留在澡盆裡。

洗澡步驟

1 讓寶寶平躺，以紗布巾清洗寶寶臉部，依眼睛、耳朵、臉部與頭頂的順序輕輕清洗。洗眼睛時記得要由內到外，由內眼角往外擦拭。洗頭時以大拇指與小拇指輕壓住寶寶耳朵，防止水跑進耳朵裡。

詳細的寶寶沐浴流程影片請參閱：

Part 1

新生兒檢查 1-1

哺乳與餵奶 1-2

Part 2

副食品概念 2-1

調配副食品 2-2

吃副食品後 2-3

Part 3

呼吸道疾病 3-1

消化道疾病 3-2

皮膚疾病 3-3

❷使用中性或弱酸性清潔用品

　　新生兒的皮膚厚度只有大人的三分之一，真皮層與角質層都比較薄，所以比較敏感。**如果寶寶不太會流汗的話，每天一次以清水洗澡其實就可以了。**如果要挑選清潔用品，建議不要鹼性的成人肥皂，選擇中性或弱酸性（PH4.5-6）的沐浴乳或嬰兒肥皂，此外，不用沖洗的泡泡露也是不錯的選擇。

　　在門診常看到使用酵素洗澡的新生兒皮膚起紅疹，這是因為酵素洗淨力太強，把皮膚的油脂都洗掉了，喪失原來的保濕功能，所以不建議用酵素幫皮膚敏感或太乾的寶寶洗澡。

2 身體部分依上到下、前到後的順序清洗。特別要注意皮膚皺褶處，如腋下、脖子、手掌心與胯下…等易藏汙納垢的地方。尤其是肉肉的寶寶，皺褶處如果沒有翻開來清洗的話，很容易會引起皮膚炎。4個月以內的寶寶的脖子大多不明顯，要記得將下巴抬起才能洗得乾淨。

3 將寶寶翻身面朝下，一手托住寶寶前胸（如果有沐浴網床就可以直接讓寶寶趴在網床上），以清洗背部與屁股。

4 洗完澡後，可以幫寶寶在肛門口附近上一點屁屁膏，預防尿布疹。

如何換尿布、選尿布

寶寶幾乎24小時都穿著尿布，只要一不注意就很容易得到尿布疹甚至引起黴菌感染，而且市面上的尿布品牌那麼多，要怎麼樣選擇對新手爸媽來說真的很傷腦筋。選擇尿布有以下幾個重點：

❶ 會直接接觸寶寶屁股的「內層不織布」的舒適性。

❷ 中層的吸水性與厚薄度。

❸ 外層的透氣性。

❹ 有無防漏（如腰部、大腿部位的設計）。

❺ 有無尿濕顯示。

❻ 價位。

內層舒適性是一般家長最重視的，可以直接觸摸尿布內層感覺看看。而吸水性與透氣度則是在寶寶已經可以睡過夜後或長途旅行時比較重要的考量點，平時白天在家裡不要太有科學精神，想嘗試尿布的最大吸水量，寶寶一有尿尿還是要乖乖更換。

大部分有防漏設計的尿布都設計的不錯，偶而會有側漏情況，大多數還是沒注意包好的關係。尿濕顯示對屁股神經比較大條的寶寶很重要，可以減少悶濕太久而導致的尿布疹。

穿尿布的最佳鬆緊度

穿尿布要注意不要太緊或太鬆，剛出生時常有親朋好友送幾箱的新生兒（NB）尿布，等寶寶長比較大了還剩

為寶寶換尿布的重點步驟

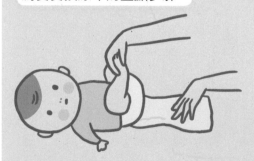

1 先在寶寶屁屁底部放上新的尿布。

2 如果是男寶寶的話，先清潔小雞雞與蛋蛋，再擦拭屁屁。

下很多，有的捨不得丟就繼續使用，往往勒太緊讓寶寶大腿與腰部都出現壓迫紅痕。**最佳的鬆緊度為「能夠塞1-2根手指在大腿與腰部側」為剛剛好，魔鬼氈黏貼位置最好可以靠近中央部位**，若在外側三分之一尿布就算太小了，要再換大一號的。

為寶寶清潔，男女有別

換尿布時如果有大便，請記得男女有別、循序漸進，用濕紙巾擦拭時要「由上往下，從乾淨處往髒的地方清潔」，避免把髒的大便帶到乾淨的地方。**女寶寶要由外陰部往屁股方向清潔，先清潔外陰部再清潔中央部位；男寶寶要先清潔小雞雞與蛋蛋，再清潔屁股。**

除了一次性使用即丟的紙尿布外，還有兼具環保、價位與復古風的布尿布可以選擇，但每天要洗那麼多布尿布實在是太累人了，平日門診真的很少見到親手洗布尿布的媽咪，難得遇到時，都不禁對媽咪肅然起敬，想要代替地球感謝她。使用布尿布要注意把洗潔劑沖洗乾淨，避免殘留在布尿布上而刺激寶寶皮膚。

女寶寶則由「外陰部往屁股方向清潔，先清潔外陰部再清潔中央部位。

3 清潔完畢後，為寶寶穿好尿布，最後需調整黏貼位置的鬆緊度。

Part 1
1-1 新生兒檢查
1-2 哺乳與餵奶
Part 2
2-1 副食品概念
2-2 調配副食品
2-3 吃副食品後
Part 3
3-1 呼吸道疾病
3-2 消化道疾病
3-3 皮膚疾病

了解各種原因的寶寶哭

奇怪？在月子中心時，寶寶怎麼都乖乖喝奶、乖乖睡覺，做完月子回到家怎麼就一直哭一直哭呢？

其實，寶寶一天中哭鬧的時間本來就是從滿月後才開始越來越長，**這種情況到3、4個月大後就會自然減少。**所以寶寶哭鬧通常不是爸比媽咪照顧者的問題，而是新生兒自然的表現，不過還是要了解各種寶寶哭鬧的可能原因，尤其要注意什麼是危險的徵兆。以下我們先來了解一下寶寶哭的生理性原因。

寶寶哭的生理性原因
❶肚子餓

一般配方奶的餵奶時間大約是4小時一次，可是親餵母乳的寶寶可能1.5-2小時左右就餓了，所以必須依照寶寶需求餵奶，如果輕碰寶寶嘴邊有尋乳反射，就要試著再親餵看看。**有時寶寶會因為哭過頭、等太久而生氣，所以一開始不想吸吮，得有點耐心慢慢試試看。**不過若是瓶餵足夠的配方奶且距離上一餐時間還不到2-3小時的話，則寶寶哭鬧是因為肚子餓的機會就很低。

我在門診常見到在月子中心每4小時喝120ml，回家後反而變成每2小時喝60ml的寶寶，這表示寶寶一哭鬧大人就以為餓了，結果餵奶只能喝一半的量，其實這時哭鬧並不是真的餓，可能是其他原因。

❷尿布濕

當寶寶哭了，爸媽第一個反應通常是檢查尿布，一般來說，每天至少要換6次「有份量」的尿布以上，才表示

Part 1

1-1 新生兒檢查

1-2 哺乳與餵奶

Part 2

2-1 副食品概念

2-2 調配副食品

2-3 吃副食品後

Part 3

3-1 呼吸道疾病

3-2 消化道疾病

3-3 皮膚疾病

喝得足夠。有的寶寶皮膚很敏感，一點點屁屁濕就會大哭，一天可能要換20片尿布以上，十足的公主王子命，爸媽只好辛苦多賺錢了。

❸腸道蠕動

寶寶腸子蠕動時快時慢，在喝奶時會反射促進腸胃蠕動，所以媽咪常常會聽到寶寶喝奶時肚子咕咕叫，特別是餵母乳的寶寶的大便比較稀，常常在喝奶時就會因為蠕動太快而大一點便便出來。這些陣發性腸子蠕動加快都可能讓寶寶覺得不舒服而哭泣，**通常輕輕安撫或等寶寶放屁大便完，就能馬上舒緩下來了。**

❹腸絞痛

千百年來，人們一直不知道為什麼寶寶會在某些時間點突然大哭，往往一天加起來要超過3個小時，尤其是在晚上大人睡覺的時間，許多爸媽因為缺乏睡眠都快得憂鬱症了。因為寶寶不會說話，看起來又哭得很痛苦，常被懷疑是肚子痛，所以被歸為腸絞痛

（Infantile Colic）。可是當寶寶被帶到急診室的路上，一上車反而就不哭了，只剩下尷尬的爸媽向急診的兒科醫師解釋為什麼大半夜會帶一個健健康康的寶寶來急診。

只要寶寶進食沒太大問題，沒有下述的危險症狀，兒科醫師檢查也沒有異狀，就不必太擔心，等寶寶再過1-2個月就會自然緩解了。

寶寶哭的病理性原因

❶腸套疊

　　腸套疊是小兒科可怕的腹部急症，機會很低但危險性很大。病因是小腸套進大腸裡導致腸阻塞，因為腸子缺血而腹部劇痛，特徵是持續性嘔吐（因為腸子塞住）、草莓果醬大便（因缺血腸壞死而產生血便）與間歇性腹痛（每10分鐘一陣大痛）。

　　典型腸套疊好發於6個月到3歲，以男寶寶居多，如果哭鬧加上嘔吐最好立刻就診，血便通常是較晚才會發生，也是危險的徵兆，須立刻就醫。

❷腹股溝疝氣

　　「老阿嬤常說，不可以讓寶寶哭太久，不然會疝氣。是真的嗎？」

　　其實腹股溝疝氣是腹壁的一個應該消失的生理結構：腹膜鞘狀突，如果沒消失，就會殘留一個由腹腔內延伸至腹股溝至陰囊的通道，而在肚子壓力大時，腸子會順此通道跑到腹股溝或陰囊內（如果是女寶寶，則是在大陰唇的位置）。所以沒有殘留這個通道的寶寶怎麼哭也不會有疝氣跑出來，但偶爾在檢查哭鬧寶寶時會剛好檢查到疝氣，則必須轉到小兒外科開刀解決，以防止脫出的腸子血液循環不順導致壞死。

❸中耳炎

　　中耳炎多是感冒後的併發症，新生兒若沒有感冒症狀很少會有中耳炎，而且中耳炎絕大多數都是以發燒來表現。不過少部分中耳炎情況可能是感冒症狀不明顯，寶寶也還沒有發燒就開始耳朵疼痛而哭鬧，所以用耳鏡看中耳有無發炎是檢查哭鬧寶寶必要的一個步驟。

Part 1
新生兒檢查 1-1

哺乳與餵奶 1-2

Part 2
副食品概念 2-1

調配副食品 2-2

吃副食品後 2-3

Part 3
呼吸道疾病 3-1

消化道疾病 3-2

皮膚疾病 3-3

給新手爸比的小功課

「寶寶大便是什麼顏色？」

「不知道耶，要問我老公，都是他換的。」

門診時這類對話的機會越來越高，爸比在照顧寶寶的角色比起以前似乎越來越重要。男人除了不能懷孕生小孩、不能親餵母乳，其他什麼事都可以分擔做！包含餵奶、換尿布、洗澡、清洗用具、安撫…有些時候，甚至效率比媽咪還要高。

爸比可能比媽咪對小孩有更好的安撫效果，因為男人的手臂肌肉比較發達、男人的胸膛比較厚實，男人的聲音比較低沉，這些都是爸比安撫嬰兒的先天優勢。男人揹著寶寶出門，因為背部肌肉比較強壯，能比媽咪站立更久的時間。男人多半是「搖滾派」，媽咪比較屬於「抱抱派」，在**搖晃下，寶寶通常更易鎮定下來而睡著**。在幫寶寶洗澡時，男人的手臂也能更穩固的托住新生兒的頸部，能更快速確實地完成「戰鬥澡」的任務。我們家三個小孩從出生起，就是我這個大男生負責洗澡的。

只要給爸比幾天的時間，一定可以照顧好寶寶的。畢竟，每個人都是當了爸比後才開始學習。而且一邊抱著寶寶搖，一邊哼著歌讓寶寶睡著，這種成就感是無可比擬的。

如果有抽菸習慣的爸比，這可是戒菸的最後通牒了。**接觸二手煙會增加新生兒猝死症的機會，也會增加寶寶氣喘、中耳炎與肺炎的機會。**如果您真的愛您的寶寶，就跟香菸分手吧！

讓寶寶睡得更安穩

有人說：「他睡得好香甜啊，就像個嬰兒一樣」，那我保證他一定是還沒養過小孩。

新生兒一整天的睡眠時間雖然很長，約14-18小時，但多是零碎分散在一整天當中，而且寶寶的睡眠與大人不同。第一，嬰兒的快速動眼期（REM，Rapid eye movement）是大人的5倍，這是因為嬰兒的大腦需要較長的REM期來整理白天資訊與加速記憶，而屬於充分睡眠的NREM則比較少。第二，成人深眠與淺眠的睡眠循環為90分鐘，嬰兒的循環卻只有60分鐘，所以容易不舒服就驚醒起來。

不管你是不是好幾天沒睡覺了，只要你一聽到寶寶的哭聲就一定會爬起來看看寶寶，這是因為寶寶的特殊哭聲跟背景噪音不一樣，是無法讓人忽視的，或正確的講法是無法讓人忍受的一種聲音。

有科學家研究媽咪生產後體內大量分泌的賀爾蒙：**催產素（oxytoin），又可以稱為「抱抱荷爾蒙」，會增強腦部聽到寶寶哭聲的反應。**如果把催產素打在未婚老鼠小姐身上，老鼠小姐也會開始出現有如剛生產完的老鼠媽咪的行為，聽到小老鼠BABY哭會主動去叼咬住牠們的脖子帶回巢裡，讓老鼠小姐更像有經驗的老鼠媽咪。

所以寶寶會大聲哭在演化上是有重要意義的，會哭的寶寶比較會讓大人時時去檢查他的安全與滿足他的需

Part 1
新生兒檢查 1-1
哺乳與餵奶 1-2

Part 2
副食品概念 2-1
調配副食品 2-2
吃副食品後 2-3

Part 3
呼吸道疾病 3-1
消化道疾病 3-2
皮膚疾病 3-3

要。「會吵的孩子有糖吃」是人一出生的就具備的求生本能啊。

不過如果寶寶都吃飽喝足，還一直半夜哭鬧，除了要佩服他的優良求生基因外，我們還是可以應用一些安撫的小技巧，爭取大人一點點卑微的睡眠時間。

讓寶寶鎮定的小方法

鎮靜反射（calming reflex）是指藉由某些模仿胎兒在子宮的環境，誘發寶寶的鎮定反射。一般對於在3個月以內的寶寶很有效。美國著名小兒科醫師哈維・卡普爾（Dr. Harvey Karp）發明的5S鎮定法，已經證實不僅可以降低寶寶平日哭鬧，甚至還能減少打預防針引起的疼痛。在其著作（The happiest baby guide to great sleep）與DVD中有詳述。

❶swaddling 把寶寶手臂放在身旁，用包巾包緊。

❷side／stomach position 側躺或趴在大人身上（肚子、胸前或肩上）。

❸shushing 秀秀聲 （隆隆低頻的白噪音）。

❹swing 有節奏的搖動。

❺ sucking 吸吮（奶嘴、手指、乳頭）。

媽咪問！是不是不能搖晃嬰兒呢？

「搖晃嬰兒會不會造成腦袋壞掉啊？不是不可以搖嬰兒嗎？」

在門診常被爸比媽咪問這個問題，擔心為了安撫寶寶而搖晃會造成「嬰兒搖晃症候群」（Shaken baby syndrome），會問這個問題的爸媽表示知道不可以大力搖晃嬰兒，是不會讓寶寶受傷的。

實際上嬰兒搖晃症候群已經正名為「虐待性頭部外傷」（Abusive head trauma），這是一種大人情緒突然失控，而大力前後搖晃寶寶頭部或故意虐待的行為。爸媽為了安撫寶寶來回搖晃嬰兒，只要幅度不要超過2-3公分，都是安全的。

早產兒的哺養建議

在醫學上的定義，早產兒是指36週以下的寶寶，只要37週以上出生的寶寶都算是足月兒喔！讓醫師從早產兒的特性、哺餵、營養需要…等各方面，告訴你如何帶早產兒寶寶。

早產兒的特性

❶腸道成熟度慢

腸胃道不同器官的消化功能大部分是出生時或出生後才漸漸成熟的，例如一出生後胃就會開始分泌胃酸，但只有約成人10分之1的量，到3個月大才跟成人一樣。足月兒的膽汁量只有成人的一半，早產兒更只有足月兒的3分之一。而許多胰臟分泌的消化酵素，早產兒也比足月兒來得少。

❷營養需求大

因為早產兒的出生體重低，為了配合快速成長所需，所需要的熱量比一般足月兒來得更高。而鐵、鈣、磷是在第三孕期才會大量累積在胎兒體內，所以早產兒體內的這些礦物質存量會比較低，常常需要額外地補充。

餵母乳與配方奶使用

母乳與母乳添加劑

母乳是早產兒最好的食物，母乳為早產兒帶來的益處比足月兒還要來得更多。不僅可以降低許多疾病的機會，如新生兒壞死性腸炎、敗血症、腸胃炎、中耳炎、嚴重下呼吸道感染…等，而且餵母乳的早產兒寶寶智商也比較高。

但純母乳營養有時候會不夠早產兒快速生長所需，若寶寶體重低於正常值，應於醫師指示下添加母乳添加劑。母乳添加劑可以增加母乳的熱量與各種營養素（各種礦物質、中鏈脂肪酸、蛋白質、維生素）。一般建議早產兒純餵母乳成長步伐較慢，或體重小於1500或1800克的早產兒都可以添加。

早產兒配方奶與出院後配方奶

如果早產兒於住院期間無法餵母乳的話，特別是體重低於1500克的早產兒，就會使用高熱量的早產兒配方奶，特點是有高熱量與高蛋白質。

Part 1

新生兒檢查 1-1

哺乳與餵奶 1-2

Part 2

副食品概念 2-1

調配副食品 2-2

吃副食品後 2-3

Part 3

呼吸道疾病 3-1

消化道疾病 3-2

皮膚疾病 3-3

	一般標準嬰兒配方奶	早產兒配方奶
熱量	每100 ml 為68大卡	100 ml 為80大卡
蛋白質	1.5克	2克

在早產兒寶寶準備離院時，常會換成另一種出院後用的配方奶，其熱量介於一般嬰兒奶粉與早產兒配方奶之間，100ml中含75大卡。如果寶寶矯正週數的體重從<15百分位追趕至15-50百分位區間時，就可以改回一般配方奶了。

營養成分的補充重點

❶鐵劑

因為早產兒鐵質儲量比足月兒低，剛好母乳中鐵質含量也比較少，所以母乳哺餵的早產兒寶寶出院後，**若無在母乳中加入母乳添加劑，則建議持續補充鐵劑（2-4mg/kg/day）直到1歲，避免鐵質缺乏而導致缺鐵性貧血**。添加鐵劑後，寶寶大便顏色會變得比較深綠，這是殘餘未完全吸收的鐵質在大便的表現，是正常的現象，別擔心。

❷維生素D

美國兒科醫學會建議，全母乳哺餵或母乳和配方奶混餵寶寶每天需給予400IU的維生素D。早產兒出院後即可補充綜合維他命，若是全配方奶進食而且已達每天1000 ml者，即可停止。

❸益生菌

多方研究已證實，益生菌可降低早產兒壞死性腸炎發生。若寶寶因脹氣而哭鬧不止，或是嚴重溢吐奶影響到生長速率也可以考慮添加。

副食品何時吃

世界衛生組織建議中低收入國家的低出生體重早產兒，以純母乳哺育至矯正年齡6個月之後才開始給予副食品，但主要考量應該是擔心副食品製作過程可能受到汙染，影響寶寶健康。有研究顯示，在已開發國家的早產兒，早點介入副食品對寶寶的鐵質與生長速率都有幫助。**若早產兒寶寶於矯正年齡4-6個月大，頸部肌肉發育已成熟，則可以與您的兒科醫師討論後考慮開始加入副食品。**

哺乳與餵奶

此時期的不可不知

1.親餵是最自然且最符合寶寶需求的餵養方式,而且母乳裡的營養成分,能為寶寶打造強健好體質。為了能順利親餵、縮短與寶寶的磨合期,產前就先討論哺育計畫是相當重要的;此外,建議媽咪們提早尋求專業的國際泌乳顧問,教妳從與寶寶的肌膚接觸開始,到乳房護理、親餵知識、迷思破解…等,能大幅減少媽咪們嘗試親餵時的挫折與辛苦。

2.由於媽咪哺乳是每天都要做的事,所以哺餵前的乳房護理務必要做足並且不要過於急躁,因為寶寶喝奶時也會感受到媽咪的情緒喔。此篇章裡,國際泌乳顧問將分享哺乳時可輔助的小工具、乳腺阻塞時的處理,以及哺乳期的乳房護理、飲食須知。

3.需要餵配方奶的寶寶,爸比媽咪們則需特別注意奶瓶的衛生安全與奶嘴選購,還有正確的泡奶、餵奶方式,此篇章中也一併整理出所有重點。

親餵母乳

不少產後媽咪對於產後哺餵母乳都心存猶豫，因為來自親朋好友的經驗談或資訊實在太多，但餵母乳真的像有些人說的那麼可怕嗎？媽咪不能睡覺嗎？哺乳後的奶頭會變形嗎？讓專業泌乳顧問給你正確而完整的解答。

Part 1
1-1 新生兒檢查
1-2 哺乳與餵奶

Part 2
2-1 副食品概念
2-2 調配副食品
2-3 吃副食品後

Part 3
3-1 呼吸道疾病
3-2 消化道疾病
3-3 皮膚疾病

什麼是母乳？

母乳對寶寶來說，是最適切的「生命來源」，更是最自然的事，它影響寶寶的層面既深且廣，媽咪藉由哺餵母乳，能與寶寶連結緊密並幫助產後復原，讓身心靈皆更順利完成角色切換：從女人正式成為母親，感受到孕育孩子的愛和責任，是獨一無二的體驗。母乳不只是寶寶的食物，透過親密相連的哺餵過程，還能大大提升寶寶的存活率與穩定性；各種研究也都發現，接受親餵母乳的寶寶有更優良的情緒智商，降低各種疾病的發生和嚴重性。

然而，在現今許多錯綜複雜、人為操縱的因素下，許多新手爸媽視「親餵母乳」為大敵，也因著觀念的不同而使家庭關係緊張、產後憂鬱的比例也提高，讓部分媽咪不敢嘗試親餵。

哺餵母乳是一個家庭的選擇，無論這個決定是什麼，都應該建立在互信與尊重的基礎上。做出選擇前，建議爸比媽咪先了解哺餵母乳的過程、帶來的好處、可能會經歷的困難⋯等，進而做出最適合自己家庭的哺育計畫。

何時準備哺餵計畫？

對於哺餵母乳有興趣的家庭，建議在穩定懷孕的28週前後，先預約專屬自己的國際泌乳顧問（IBCLC）進行諮詢，了解並制定適合整個家庭的哺育計畫。

哺餵寶寶是在產前就可先討論、做準備的，多數媽咪對於懷孕、育兒期待和要求雖扮演重要角色，但來自家庭的支持網絡、媽咪乳頭和乳房的狀況、懷孕時的併發症、生產方式、產後的工作計畫…等，都可能影響哺育方式的決定。**若在產前先了解每個哺育選項的正確資訊，將大大幫助產後哺育方式的決定，也減輕產後手忙腳亂的壓力。**

媽咪問！什麼是國際泌乳顧問？

對於有新生兒的家庭而言，餵母乳是重要的醫療決定，而這個決定應該建立在全盤了解的基礎上，經過討論溝通再達成家庭共識，然後一起努力的目標。

為了讓產後的哺育更順利，建議爸比媽咪就近諮詢國際泌乳顧問（IBCLC），可以得到更多正確的解答。專業的國際泌乳顧問不會盲目要求媽咪一定要餵母乳，而是整體考量妳與寶寶的需要、家庭是否支持、工作時程安排、對於哺育教養的期待…等，共同討論後再一起制定適合妳和整個家庭的哺育計畫，無論是親餵、瓶餵、哺餵配方，都可以是選項。

目前台灣已有許多診所有國際泌乳顧問駐診，這些專業人士合併了其他醫療相關的專業，能提供不同層面的建議，讓妳照顧寶寶的過程更順利。

註：想找尋適合的國際泌乳顧問，請參網站「華人泌乳顧問協會」或是「台灣母乳協會」。

Part 1

新生兒檢查 1-1

哺乳與餵奶 1-2

Part 2

副食品概念 2-1

調配副食品 2-2

吃副食品後 2-3

Part 3

呼吸道疾病 3-1

消化道疾病 3-2

皮膚疾病 3-3

餵母乳的迷思解析

Q 乳頭凹陷、胸部太小不能餵母乳嗎？

乳頭形狀、胸部大小和餵母乳成功與否沒有直接的關係，只要寶寶能正確吸吮，不論乳頭或凹或大、或圓或扁，都一樣可以餵母乳。當然，有些狀況可能會讓寶寶的學習過程時間拉長，爸比媽咪也需更多耐心共同學習適應，所以才建議產前先透過諮詢做好準備。至於胸部大小，那就更沒關係了！因為乳房尺寸決定於「脂肪層」的多寡，而**媽咪製造母乳的能力，是在於「乳腺」的發展**，所以小胸媽咪也是可以餵母乳的喔！

Q 母乳只能餵6個月，之後就沒營養，也是要換成配方奶？

母乳的營養會隨時隨著寶寶需求變化，但是變化有個極限，不是小鳥胃寶寶長成大胃王，媽咪就都能百分之百供應母乳，這也是為什麼寶寶6個月後，因為需求量變化太多，需另添加副食品才能滿足寶寶需求的緣故。但是此時母乳仍可繼續提供許多食物裡沒有的營養素，包含抗體、免疫球蛋白、益生菌…等，這些是6個月後的寶寶在探索世界時，最需要提高免疫力的黃金物質喔。

Q 餵母乳的奶頭會變超大，而且乳房下垂？

每個女人的乳頭和乳房天生就不同，有些人胸部很大而且從來不穿支托型胸罩也不會下垂，有些人胸部小但是外擴也下垂，這來自於本身抵抗外力的能力不同的緣故（包含地心引力或寶寶的吸吮能力）。有研究指出，庫氏韌帶cooper's ligaments的鬆緊度才是影響乳房是否下垂的主要原因，建議哺乳媽咪們勤作拉提胸部運動，增加「胸部肌肉量」，以幫助支托乳房重量，以減少乳房下垂的機會。

Q 寶寶都把我的營養吸走了，媽咪身體會變差？

母乳裡的營養成分是隨時在改變的，其中某些營養素的多寡和媽咪選擇的食物有相關（例如多吃omega-3脂肪酸含量多的魚類，母乳裡的omega-3脂肪酸就會比較多），但是有些營養素和媽咪吃的東西就不太相關（例如媽咪吃很多鐵劑補充品，母乳中的含鐵量仍然是幾乎不變的）。

建議媽咪只要維持一般的進食，再另外增加約500大卡即可（例如：1碗飯、1顆雞蛋和1碗青菜搭配1匙堅果）。有些媽咪產前就已經過量進食，甚至不用另外添加熱量，產奶也是綽綽有餘。媽咪對於餵母乳期間的飲食有疑問，可以請教營養師，以制定個人化的飲食計畫，讓餵母乳與產後瘦身的目標事半功倍！

Q 餵母乳就別想休息睡覺了？

餵母乳的確是把寶寶「吃」的大事全都壓在媽咪身上，但其實餵母乳也可以是很輕鬆的事情，也不是每個人都需要半夜3點起來擠奶，寶寶每次哭也不一定只是因為想喝奶，許多餵配方奶的媽咪也有半夜要安撫哭鬧孩子的困難，也有餵母乳的媽咪晚上躺著餵奶也可以睡得很好，而且不用起身泡奶、更不用測溫度呢。只要用正確方式哺餵母乳並且了解自己的孩子，和泌乳顧問一起制定適合自己家庭的餵奶計畫，餵母乳就會變得平易近人且輕鬆上手！

哪些寶寶不能喝母乳？

母乳的安全性曾經遭受各界質疑，尤其現代人的生活方式多元，許多飲食和生活作息上的習慣已經和從前不同，到底母乳是否還適用於現代人呢？有沒有什麼情況是不應該餵母乳的呢？右頁將整理出三種情況，給想要親餵的媽咪做參考喔。

Part 1

1-1 新生兒檢查

1-2 哺乳與餵奶

Part 2

2-1 副食品概念

2-2 調配副食品

2-3 吃副食品後

Part 3

3-1 呼吸道疾病

3-2 消化道疾病

3-3 皮膚疾病

哺餵母乳前，需先了解的三種情況

可以哺餵母乳	視情況哺餵母乳，可能需要擠出瓶餵、暫停（數小時至數日）、或丟棄部分母乳，應諮詢國際泌乳顧問或醫師	不適合哺餵母乳
❶一般飲食或全素、奶蛋素的媽咪（建議諮詢營養師，了解如何攝取充足營養）。 ❷有擦指甲油、作光療（建議使用無毒、孕婦哺乳專用指甲油，並以指甲油不剝落為前提）。 ❸染髮、燙髮（建議使用無毒、孕婦哺乳專用產品）的媽咪。 ❹攝取少量含咖啡因飲品（每天1-2杯共約500ml以內），或攝取少量酒精（一個酒精當量）的媽咪。 ❺有B型肝炎的媽咪。 ❻接觸到環境汙染源的媽咪，例如戴奧辛、塑化劑、多氯聯苯…等。 ❼寶寶發生生理性黃疸。	❶接受放射性療法（可能需要暫停數小時或是數日）的媽咪。 ❷無法戒除規律性飲酒，或有抽煙、使用尼古丁。 ❸乳房手術（例如隆乳、癌症切除）。 ❹媽咪感染C型肝炎，一般狀況下可以直接哺餵母乳，但如果乳頭或是乳房有破洞和傷口，建議擠出瓶餵。 ❺媽咪感染疱疹、帶狀疱疹，一般狀況下可正常哺餵母乳，但是如果乳頭或是乳房有破洞和傷口，建議擠出瓶餵。	❶寶寶有「半乳醣血症」（Galactosemia），一種罕見遺傳性疾病，嚴重時導致死亡。嬰兒需要無乳糖的配方。在台灣，此疾病已經包含在新生兒篩檢中。 ❷在台灣，媽咪是HIV帶原者（某些國家即使媽咪是HIV帶原，仍建議哺餵母乳）。 ❸有肺結核的媽咪，並且沒有接受任何形式的治療。 ❹媽咪服用抗反轉錄藥物。 ❺媽咪感染成人T細胞淋巴病毒I或是II。 ❻媽咪曾吸食毒品，但沒有戒除。 ❼正在接受癌症處方治療的媽咪，例如化療。

從以上表格可以發現，母乳的安全性相當高，而且幾乎是由媽咪和家人自己掌握安全性，所以無須太多慮。餵母乳對寶寶的好處，包含刺激神經發展、提高免疫力…等，大過於母乳本身是否安全的疑慮，例如媽咪有接觸到戴奧辛，擔心母乳留存有害物質、可能傷害寶寶，但許多研究已經發現，母乳中戴奧辛的含量少之又少，而且母乳給寶寶的保護仍大於戴奧辛的潛在傷害，還是鼓勵媽咪們繼續餵母乳喔。

如何引導寶寶喝奶

寶寶吸吮母乳以獲得維持生命必須的營養，看似是天性，但為什麼許多媽咪在哺乳過程中會經歷重重困難，不是應該抱起寶寶，孩子就會自己開始吸嗎？其實，寶寶對於母乳的需求也是經過引導與學習的。

對於吸吮還不熟悉的新生兒來說，需經過一段時間練習、適應，有時經歷一些失敗經驗，才能夠成功含乳並且吸到乳汁，這些過程很正常也是必經的。當然，在學習起步的期間，哺乳媽咪會很辛苦，但這是和寶寶建立默契和連結的絕佳機會。只要媽咪們先做好心理準備，也有足夠正確的餵奶知識，就能更迅速引導寶寶度過辛苦的學習階段。

雖然新生兒寶寶的視力發展還不完全，但是已經能夠聞到乳汁的香氣，並且被媽咪的乳暈顏色吸引（因此許多媽咪在懷孕過程中會發現乳暈顏色變深了！），搭配人類新生兒與生俱來的「尋乳反射」。所以許多不受藥物影響生產的新生兒，在肌膚接觸的過程中，能經由引導後自主含乳，就此開始第一次的喝奶經驗也不無可能，因此媽咪生產後的「肌膚接觸」是引導寶寶喝奶最重要的一步。以下說明引導寶寶喝奶的各個重點：

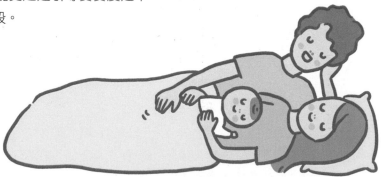

Part 1

新生兒檢查 1-1

哺乳與餵奶 1-2

Part 2

副食品概念 2-1

調配副食品 2-2

吃副食品後 2-3

Part 3

呼吸道疾病 3-1

消化道疾病 3-2

皮膚疾病 3-3

❶ 肌膚接觸不能少：

不論剖腹產或自然產，只要媽咪產後進入清醒的階段（例如：麻藥退了、意識清楚），即可和寶寶開始進行肌膚接觸（skin to skin touch）。許多自然產的媽咪甚至可以在未剪臍帶之前就和寶寶肌膚接觸，這樣的動作，能讓剛誕生的寶寶心跳、血壓和體溫都更穩定。

要執行肌膚接觸，建議媽咪褪去上半身衣物（或是敞開衣襟），讓僅穿尿布或是全身光溜溜的寶寶「趴」在媽咪胸口上，當然寶寶也可側躺或用其他舒服的姿勢，自然就好，重點是「讓寶寶貼近媽咪心臟、感受媽咪的心跳和體溫」是最重要的。而肌膚接觸最好的時間，是在寶寶剛出生時，但出生後的1-2個月內，任何需要安撫寶寶的時候，肌膚接觸都是一個很好的方法，通常每次接觸至少15分鐘到1個小時最佳，如果媽咪不在或因為其他原因無法和寶寶進行肌膚接觸時，爸爸或其他家人也可以代替媽咪，和寶寶進行親密的肌膚接觸唷！

❷ 不需等到脹奶才餵奶：

不論媽咪自己覺得有沒有乳汁、胸部有沒有變脹，只要寶寶娩出，泌乳機制即開始運行，所以每個人感受到「脹奶」的時間並不一定，有時受到藥物影響，有時則和懷孕期間的併發症或是媽咪本身的身體狀況、疾病相關。寶寶的第一次哺餵不需等到感覺「脹奶」才進行，只要寶寶能夠正確吸含，即使是軟軟的胸部也能讓寶寶吃到東西，重點是讓寶寶能夠有充足的機會及早學習吸含技巧，才是早期引導寶寶喝母乳的成功關鍵。

❸ 用對姿勢才會輕鬆：

每個人的乳房大小和乳頭位置都不一樣，寶寶嘴巴的大小和寶寶體重、成熟度也不同，因此每個寶寶適合的喝奶姿勢可能不太一樣，當一種姿勢哺餵不順利時，建議媽咪嘗試換其他姿勢，寶寶的接受度也許會更好。例如：大多數寶寶用一般常見的「搖籃式」就可以哺餵母乳；但如果週數較小（例如36-38週出生的寶寶）或剖腹產，用搖籃式會壓到媽咪傷口，這時就可嘗試用「橄欖球式」的餵法，一方面加強支托小小嬰兒的頸部幫助含乳，也避免壓到媽咪的剖腹傷口。

其實餵奶的姿勢百百種，寶寶進入不同的年紀，適合的姿勢也可能變得不一樣，沒有哪種姿勢才算正確，餵奶不是擺pose大賽，只要媽咪和寶寶都舒服，寶寶可以喝到奶水的姿勢，就是滿分姿勢！讓寶寶含乳後，媽咪別忘了用枕頭和毛巾調整角度支托些許重量，好讓餵奶更輕鬆喔。

讓媽咪寶寶都舒適的各種親餵姿勢

搖籃式 　　　　　　橄欖球式

Part 1

新生兒檢查 1-1

哺乳與餵奶 1-2

Part 2

副食品概念 2-1

調配副食品 2-2

吃副食品後 2-3

Part 3

呼吸道疾病 3-1

消化道疾病 3-2

皮膚疾病 3-3

❹ 不強迫寶寶喝奶：

連大人吃飯時都希望輕鬆愉悦地享受了，對寶寶來說當然也是一樣的，所以在寶寶情緒穩定、精神清醒、對週遭事物抱持好奇心的時候，是最佳的餵奶時機。當寶寶昏沉愛睡、或大哭大鬧時，媽咪餵奶會特別受挫，是因為寶寶對於喝奶已經失去耐心，當然對媽咪湊過來的乳頭愛理不理，甚至產生拒喝、拉扯乳頭…等，讓媽咪心理受傷、乳頭也受傷的狀況。

如果寶寶太餓、哭鬧嚴重，建議爸比媽咪抱起孩子但不急著餵，先做肌膚接觸並安撫寶寶的情緒，必要時甚至可先給一點點之前擠出來的母乳（或視情況考慮給一點點配方奶），待孩子情緒比較穩定以後，**再嘗試親餵**，要注意在寶寶抗拒餵奶的時候不能硬壓著他的頭，把奶頭塞到寶寶嘴裡，因為正向的用餐經驗一旦被破壞，寶寶下次看到奶頭可能會連躲都來不及了呢！

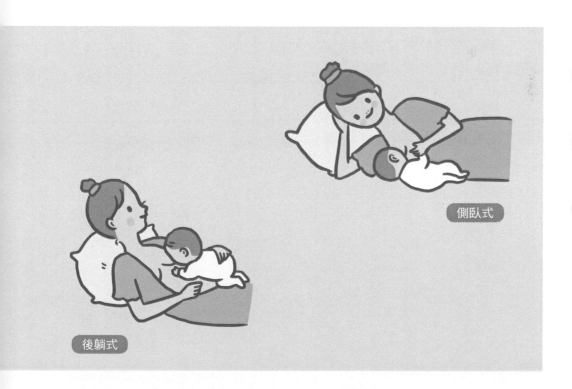

側臥式

後躺式

正確的手擠奶方式

正確的手擠奶方式並不會傷害乳房，也不會產生淤青或讓皮膚表面粗糙破皮，正確使用手擠奶，能幫助媽咪增加奶量、移除硬塊、減少堵塞和乳腺炎的機會。建議哺乳的媽咪們，不論之後是否選擇長期使用擠奶器，手擠奶的基本功一定要學會。**首先要記得，手擠奶千萬不能暴力，不是越用力就可以擠出最多乳汁，太用力不只造成疼痛，還可能會讓乳管破裂，反而導致乳腺炎發生。**

剛開始擠奶的1-2分鐘不一定有很多乳汁，原因是噴乳反射還沒開始，只要擠奶動作正確，重複執行就能引發噴乳反射、使乳汁有效移出。如果擠奶時覺得疼痛，一定要重新調整擠奶姿勢，若不確定哪裡有問題時，建議尋求泌乳顧問的協助。

註：手擠奶的相關教學影片可以在國民健康署「母乳一指通」的APP找到喔。

親餵前可以做的按摩流程

1 媽咪在舒服的狀態下坐直，身體稍微前傾，方便盛接之後擠出的乳汁。

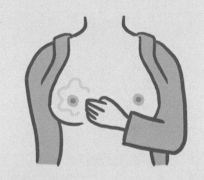

2 輕柔按摩乳房（非必要，但是有按摩可以順便檢查乳汁淤積的情況和是否有硬結硬塊）。

Part 1

1-1 新生兒檢查

1-2 哺乳與餵奶

Part 2

2-1 副食品概念

2-2 調配副食品

2-3 吃副食品後

Part 3

3-1 呼吸道疾病

3-2 消化道疾病

3-3 皮膚疾病

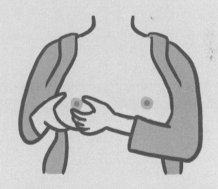

3 把食指跟拇指放在乳頭外約3公分處（因為每個人的乳暈大小不同，建議以乳頭外3公分為主，此處為乳管最密集的地方）。

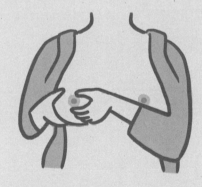

4 食指跟拇指往胸壁的方向「壓」、向內收緊「擠」，食指跟拇指回到原處放「鬆」。執行這個步驟時，手指在乳房上的位置不需移動，才不會把乳房搓受傷。

5 用不同角度針對同一個乳房執行步驟4，至鬆軟後換邊做完步驟1-5，即為完整流程。

認識哺乳器具與使用

雖然手擠奶是媽咪們該學的基本功，但是因此得到「媽咪手」、肌腱發炎酸痛的人仍不在少數。其實，適當的使用哺乳輔助器能幫助減少媽咪肌肉痠痛，更節省時間、增加效率。但是市面上器具琳瑯滿目，該怎麼選呢？以下介紹常見的哺乳器具和選購依據。

哺母乳媽咪的必備物品

1.擠奶器

除了以上的參考，各廠牌擠奶器有不一樣的振動循環，能模仿寶寶的吸吮頻率「由淺快1-2分鐘後轉為深且緩慢」，以加速引發奶陣；有的機型的抽吸力道還可做調整，能避免媽咪乳頭受傷。

擠奶器的選用參考

媽咪與寶寶的狀況	適合機型	說明
目標全親餵的媽咪	手動或單邊自動	可考慮用租借機器、自備喇叭罩和消耗品的方式獲取，方便媽咪在一開始刺激乳汁生成或建立奶量的時期節省許多力氣。
寶寶是早產兒、無法親餵、乳汁生成較少的媽咪	醫療等級的雙邊自動	建議利用醫療等級的雙邊自動擠奶器，幫助奶量的建立。
有計畫在3個月內回歸職場，或是時常外出的媽咪	雙邊自動、輕巧好攜帶	選擇雙邊自動、輕巧好攜帶的機型比較適合；另需考慮使用模式，比方選擇插電或充電／電池裝置的機型，以減輕重量也節省時間。

擠奶器的常見機型對應：
單邊／雙邊、自動／手動、插電／使用電池、醫療等級（通常較重、馬力較大）／一般（較輕巧）

Part 1
新生兒檢查 1-1
哺乳與餵奶 1-2

Part 2
副食品概念 2-1
調配副食品 2-2
吃副食品後 2-3

Part 3
呼吸道疾病 3-1
消化道疾病 3-2
皮膚疾病 3-3

2.喇叭罩

　　各家機型的擠奶器通常有搭配的喇叭罩，有些喇叭罩為了加強與乳房乳頭的密合度，會搭配花瓣墊使用，但不是強制規定使用。此外，有的廠牌的喇叭罩也有不同的尺寸提供挑選，**媽咪應該「依照自己乳頭的大小決定喇叭罩尺寸」**。如果該牌搭配的喇叭罩沒有尺寸可搭配的話，也可自行斟酌是否使用花瓣墊，重點是讓乳房乳頭與喇叭罩能密合服貼，避免喇叭罩太緊。

　　挑選喇叭罩時，需注意材質，比方有用洗碗機習慣的家庭，可能要注意是否可以放在洗碗機中清洗，或是喇叭罩是否能耐熱以放到消毒鍋中做消毒…等細節。

喇叭罩對應乳頭的合適尺寸

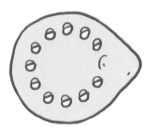

花瓣墊

喇叭罩

乳頭直徑長度

17mm / 21mm　　20mm / 24mm　　23mm / 27mm　　26mm / 30mm　　32mm / 36mm

喇叭罩尺寸

3.內衣

哺乳期間的內衣選擇非常重要，除了需選擇容易清洗、抗菌透氣的材質和方便解開釦子以露出乳房的設計之外，記得不要穿有鋼圈的內衣，許多媽咪因為鋼圈的壓迫容易導致乳汁滯留或是移除困難，常常是塞奶或是乳腺炎的罪魁禍首。

4.毛巾、枕頭

餵母奶時，許多姿勢都需要毛巾和枕頭的協助，讓媽咪可以用比較輕鬆的姿勢餵奶，媽咪學會讓自己的身體放鬆，才能讓母奶流得更順暢，因此抱寶寶的正確動作和如何支撐是很重要的。一般我們可使用毛巾和枕頭來支撐寶寶重量，當然市面上也有販售「哺乳枕」，可以提供類似的功能，但哺乳枕形狀是既定的，有時候沒辦法符合所有媽咪和寶寶的需要，不妨選用家中就有的毛巾和枕頭，或許更合自己使用。

5.乳頭保護罩

不是每個媽咪都需要乳頭保護罩，當然也不是乳頭短平的媽咪就需要使用保護罩，因為保護罩可能會滑動、也可能影響寶寶的吸吮。**使用乳頭保護罩之前應該諮詢泌乳顧問，先評估使用保護罩的效益和使用方式。**

6.母乳保存袋

一般來說，理想的狀態當然是媽咪親餵、奶量供需平衡，如果媽咪不太需要手擠奶、寶寶也能喝到新鮮奶水，這時母乳保存袋就沒有絕對的必要性。但現實狀況中，媽咪常需要把奶擠出來，例如寶寶剛出生還不太會吸或是在照光治療的期間、媽咪開始工作回去上班、奶太脹或是仍在調整奶量的期間…等。

許多母乳媽咪會發現家裡的冷凍庫容量不夠存放，因此使用比較不佔空間的母乳袋，這時母乳袋就變成是一個必要的物件選項。**建議挑選母乳袋時，其材質要能耐冷耐熱（約65度左右），才能確保在溫奶的過程中不致於釋放有毒物質。**

Part 1
新生兒檢查 1-1
哺乳與餵奶 1-2

Part 2
副食品概念 2-1
調配副食品 2-2
吃副食品後 2-3

Part 3
呼吸道疾病 3-1
消化道疾病 3-2
皮膚疾病 3-3

7.疏乳棒

疏乳棒（疏乳棒的正確使用方法請見P.67）是由台大醫院婦產科護理長、現任禾馨醫療的國際泌乳顧問--張桂玲小姐所設計，是讓為了讓廣大的媽咪們能夠自行按摩乳房、疏通乳管。**建議在擠奶、餵奶前使用疏乳棒，手勢是「輕輕由乳房外側向乳暈方向梳理」，就可以促進乳汁排除。**當媽咪乳房有硬結硬塊時，這時將疏乳棒深壓做按摩，以幫助硬結硬塊消除，所以疏乳棒可說是哺乳媽咪的好朋友。

8.羊脂膏

羊脂膏並非一般保養乳頭或是乳房保養時使用的，因為它是動物性油脂，抹在身上其實並不好吸收。**羊脂膏的真正功能是隔離乳頭傷口，當乳頭上有傷口、紅腫破皮時，可以用厚厚的羊脂膏覆蓋傷口，以減少感染或衣物摩擦，同時能加速傷口癒合。**如果是一般健康完整的乳頭，是不需要特別擦羊脂膏的，因為有時反倒會因為油脂太多而不能吸收，或是覆蓋住乳孔導致排乳不順，**一般乳房的保濕保養只要用植物性的油脂就足夠了。**

媽咪問！聽說卵磷脂可以發奶？

坊間傳聞吃卵磷脂可以讓母奶很充足，還可幫助寶寶變聰明、媽咪又能瘦身，所以不少媽媽照三餐吞了不少，有些產後乳房脹硬的媽咪更是一天吞10顆的都不在少數，到底卵磷脂的功能是什麼呢？

卵磷脂近似「乳化劑」的功用，能幫助濃稠的母乳脂肪增加流動性，減少在乳管裡面結塊阻塞乳管的機會。但是如果媽咪們期待吃了很多卵磷脂後，本來又脹又硬的「石頭奶」會變成鬆軟的乳房的話，其實是天方夜譚。因為大量的卵磷脂雖然能軟化有硬塊的乳房，但媽咪得把乳汁移出（擠奶、餵奶），這樣乳房才能稍微舒緩腫脹的壓力，不然乳汁滯留在乳房裡，不管奶塊是硬是軟，只是滿滿的奶沒有移出，軟奶也會變硬的唷！

乳腺阻塞怎麼辦？

乳腺阻塞通常只是症狀之一，原因可能來自於不對的擠奶方式、用錯喇叭罩、擠奶間隔時間不恰當、寶寶吸吮不正確、餵食頻率需要調整…等，常有媽咪一發現乳腺阻塞，就大量吃「卵磷脂」或喝發奶茶，用坊間療法硬是把硬梆梆乳房的奶擠出來，都不是正確的治本方式。建議媽咪諮詢國際泌乳顧問，先了解乳腺阻塞時的正確護理，一起找出阻塞主因，才能從根本避免反覆發生阻塞的狀況，當個輕鬆哺乳的媽咪。

一般來說，乳腺輕微阻塞的初期可能只是乳房小硬塊、表面微凸、乳頭小白點…等狀況，如果不儘快處理，堵塞會漸漸嚴重，有時甚至轉為乳房腫脹或脹痛，最後導致乳腺炎，因此媽咪們要特別留心，以下說明幾種乳腺堵塞狀況：

❶小硬塊：以指腹輕柔地壓在硬塊處，以畫圓方式輕輕按摩，直到硬塊稍微變軟或是變小，再以手擠奶的方式（大拇指置於硬塊相對應的乳頭3公分處）移除硬塊淤積的乳汁、以縮小硬塊，必要時可反覆操作。另外，也可以使用「疏乳棒」按摩乳房，幫助乳汁移出。

❷小白點：有些小白點會慢慢形成硬塊，或像青春痘一樣變硬，甚至有疼痛感。當小白點會影響媽咪哺餵母乳時，應儘快移除它，但切記不可用針挑破小白點，因為當乳頭出現傷口，感染和乳腺炎的機率會大大增加；如果一定要挑開，建議找專業合格的醫療院所，使用無菌器具操作才安全。請專業人員挑破小白點前，建議媽咪先用棉花沾取濃度較高的食鹽水，濕敷在小白點上約5-10分鐘，接著搭配寶寶吸吮或是手擠奶，以利疏通小白點上淤積的乳腺。

正確使用疏乳棒的方式

1 拇指按於T型止滑處，手握疏乳棒的棒身。

2 單邊手部舉高，從腋下副乳腺處向乳暈方向疏按，至乳暈前面停下。

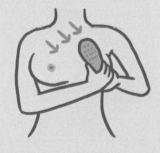

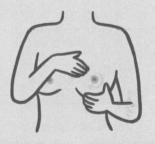

4 先以畫圓方式，輕輕按摩乳房的硬塊硬結。

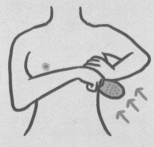

3 一手輕托起乳房，一手拿著疏乳棒，由乳房基底部輕輕向乳暈方向疏通，至乳暈前面停下。

5 大拇指置於硬塊相對應的乳頭3公分處，移除硬塊淤積。

Part 1

新生兒檢查 1-1

哺乳與餵奶 1-2

Part 2

副食品概念 2-1

調配副食品 2-2

吃副食品後 2-3

Part 3

呼吸道疾病 3-1

消化道疾病 3-2

皮膚疾病 3-3

❸**嚴重堵塞與脹痛、脹硬**：乳房可能發熱發紅或有疼痛感，建議媽咪立刻找國際泌乳顧問尋求協助，泌乳顧問會依照媽咪的實際狀況給予合適處置和建議。在等待泌乳顧問約診時間之前，建議媽咪用冷毛巾或洗淨的高麗菜葉冷敷在乳房上，以舒緩脹痛感，千萬不要使用蠻力擠奶，因為可能讓組織受傷或是引其組織水腫，讓阻塞更嚴重。

乳腺阻塞是每位餵母乳媽咪或多或少都會經歷過的經驗，**建議媽咪平時**餵奶或擠奶結束後，一定要再按摩檢查乳房一次，確認是否有硬結硬塊，才能早期紓解乳腺阻塞的問題，不致於讓小堵塞變成石頭奶喔！

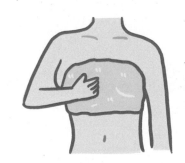

媽咪問！產後需吃發奶餐，乳汁才夠多夠營養？

產後1-3天內的乳汁少又濃稠很正常，加上新手媽咪們還不熟悉擠奶技巧，所以總覺得擠不出來，誤以為自己沒奶，只好讓寶寶在嬰兒室補配方奶，但自己在房間裡狂吃發奶食物。第三天後奶量變多，以為是發奶食物的功勞，其實身體的自然機制是「產後2-4天的奶量才慢慢增加」。有時把寶寶抱過來餵之後，寶寶不是吸一下就睡著，就是對著乳房哭得更大聲；到了晚上，乳房變成又痛又硬的石頭奶，媽咪又更緊張了。

產後擠不出奶的話，別急著吃發奶食物，應該是趕快增加親餵次數（如果寶寶沒有辦法來親餵，增加手擠奶的次數亦可）。重點是讓寶寶多練習吸含，等到第3-4天奶量提高時，寶寶才能有效吸吮移出乳汁，不然縱使媽咪奶量變多，但寶寶不會吃，就變成脹奶了…。所以多讓寶寶練習親餵吸含，才是產後初期沒奶的治本之道！

乳腺炎處理

　　乳腺炎的發生常和媽咪突然改變餵奶的習慣有關，例如寶寶剛開始吃副食品時，或產後回到工作崗位需調整擠奶頻率時，又或者寶寶要斷奶的期間…等，這時只要媽咪免疫力稍微差一些，又剛好有細菌存在，乳腺炎就會突然發生。通常媽咪求診都是因為發燒，而且乳房上發炎處有紅、腫、熱、痛的狀況，因此需要立即性處置。媽咪們除了冷敷，使用抗生素並搭配退燒藥之外，最重要的是提前找出合適的餵奶計畫，好讓自己在轉換生活作息期間，仍然可以順利哺乳。

　　許多乳腺炎的媽咪因為開始吃抗生素而停餵母乳，其實乳腺發炎時，母乳一樣有抗體，並不會讓寶寶吃進過量細菌而影響到健康，而且大部分治療乳腺炎的藥物都和母乳哺餵不衝突。在乳腺炎的期間，如果乳汁能反覆移出、保持乳腺暢通才是最好的治療，千萬不要停止哺乳喔，不管是用擠奶器、手擠奶、親餵，都是很好的方式，一定要繼續維持。

如何儲存母乳？

　　媽咪需要儲存母乳的常見原因，包含要增加奶量、無法親餵、想避免乳房腫脹…等，因而需要擠出母乳，所以母乳的保存很重要，爸比媽咪可以一同了解。

　　有許多因素會影響母乳保存，例如用什麼盛裝容器、擠奶時的乾淨程度、溫度、儲存用的冰箱種類…等，都會影響母乳儲存的時間長短。建議媽咪用簡單的「333法則」來幫助自己記憶。

> 「333法則」：
> 母乳擠出後，在室溫下可保存3小時，冷藏可保存3天，如果放冷凍庫則可保存3個月。

　　媽咪當然也可用台灣母乳協會的指南當參考，但別忘了，本章節提供的建議是針對「一般足月的健康新生兒」，若寶寶有特殊疾病正在接受治療，或住在新生兒加護病房裡，對母乳的新鮮度要求會比較嚴格，這時

Part 1
新生兒檢查 1-1
哺乳與餵奶 1-2
Part 2
副食品概念 2-1
調配副食品 2-2
吃副食品後 2-3
Part 3
呼吸道疾病 3-1
消化道疾病 3-2
皮膚疾病 3-3

就需與醫生、營養師重複確認寶寶情況，以決定母乳保存的方法是否適用自身狀況。另外值得注意的是，冷凍或冷藏加熱過後的奶水於當餐若沒有喝完，剩下來的奶水就請丟棄，不能再重複冷藏加熱，所以每次熱奶的量需拿捏一下。

母乳儲存的方式與注意事項

地點	溫度	時間	注意事項
室溫（新鮮母乳）	19-26℃	4小時（理想情況）-6小時[註1]	盛裝母乳的容器應該加蓋、放置在陰涼處，避免陽光直射，並且用濕毛巾包裹維持冷度。
冷藏袋／母乳袋	-15-4℃	24小時	在提袋中放置冰保，並且盡量避免打開袋子。
一般冰箱冷藏	<4℃	72小時（理想情況）-8天[註2]	將母乳儲存在冰箱的最裡層，避免每次開冰箱時溫變；另外，擠奶前需洗淨雙手。
單門冰箱冷凍（小冰箱冷凍箱）	-15℃	2週	放在冷凍箱的最內側，以避免溫度變化太大。
雙門冰箱獨立冷凍	-18℃	3-6個月	
專門冷凍庫	-20℃	6-12個月	

註：
1. 母乳擠出後，若沒有在4-6小時內使用，應立刻冷藏或冷凍。
2. 若媽咪以非常乾淨清潔的方式收集母乳，最多可以保存8天。
資料來源：http://www.llli.org/ La Leche League International

哺乳期的乳房護理

　　許多媽咪因為乳頭破損受傷而選擇放棄哺餵母乳，其實很可惜，**學習好好保護自己的乳房、乳頭是成功餵奶的第一要件，不論任何時候都不能暴力對待乳房，包括使用手擠奶、按摩、用擠奶器，甚至是內衣的選擇、親餵姿勢…等，以上都以保護媽咪的胸部為首要**，只要媽咪覺得疼痛無法忍受的狀況，一定要諮詢泌乳顧問，確保乳房、乳頭不會受傷。以下有5個哺乳時期的乳房護理重點：

❶ 注意乳房、乳頭清潔：

　　有些媽咪在懷孕期間會發現乳頭皺摺處有白白的乳垢，這時候不一定要徹底清潔或去除乳垢，因為不致影響乳汁分泌或乳管暢通，如果很在意的媽咪，可用溫水毛巾輕敷乳頭，軟化乳垢後再用棉花棒輕輕去除即可。

　　平時親餵的媽咪在餵奶前並不需要特別消毒乳頭或乳房，因為媽咪本身就帶有許多對寶寶免疫和健康有益的益生菌，這也是為什麼親餵的母乳寶

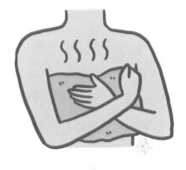

寶，其抵抗力較強的原因之一，因此除非必要（例如：食物弄髒身體、流很多汗、寶寶吐奶在身上…等），不建議媽咪使用任何特殊消毒方式清潔乳頭，保持一般的洗澡習慣就好。

Part 1
1-1 新生兒檢查
1-2 哺乳與餵奶
Part 2
2-1 副食品概念
2-2 調配副食品
2-3 吃副食品後
Part 3
3-1 呼吸道疾病
3-2 消化道疾病
3-3 皮膚疾病

❷ 按摩乳房要輕柔：

許多媽咪習慣在餵奶前後都按摩乳房，雖然這並非必要，但是輕柔按摩確實可提高奶量、促進乳腺暢通，對於硬結硬塊的敏感度也會增加，因此輕柔的按摩乳房是可以被鼓勵的。

❸ 適度使用滋潤產品輔助按摩乳房：

產後媽咪在短時間內乳房增大，可能會拉扯週邊皮膚，若媽咪按摩乳房時想用按摩油以增加滋潤度，建議選擇「植物性」按摩油，比較不會阻塞乳管和毛孔；此外，有些乳房按摩油甚至是寶寶也可以吃的，所以餵奶前後不需要再另外清潔。但不建議按摩油在擠奶前使用，因為塗滿按摩油後的乳房太滑，沒有摩擦力，會增加手擠奶的困難度。

當乳頭上有傷口時，媽咪可使用羊脂膏，因為它的分子細小且密度高、阻隔性良好，能防止傷口因摩擦或暴露在汙染下而被感染。此外，羊脂膏的滋潤作用也能加速傷口癒合，**但不建議把羊脂膏當保養品，因為羊脂膏非常滋潤，使用過度的話，反而會阻塞毛孔或乳管**，建議當乳房有傷口時，大約像是OK繃一樣的厚度，覆蓋於傷口即可。市面上的羊脂膏產品大多可讓寶寶食用，只要確定產品安全性，一般餵奶前後是不用特別把羊脂膏擦掉的，只要乳汁可以順暢流出，就可以直接餵奶喔。

❹ 選擇合適的產後內衣：

產後媽咪的日常衣著也會影響乳房、乳頭的舒適度，所以選擇舒服、棉質的內衣為佳。為了因應產後變大的乳房，內衣的包覆和支托性很重要，半罩杯的內衣不是那麼合適，因為包覆固定性稍顯不足。此外，有些媽咪外出時還是習慣穿有鋼圈的內衣，易使乳房外側和下緣特別塞奶的情況，也會影響舒適度。產後媽咪因為乳頭大小可能和以前不太一樣，所以使用舒服棉墊也很重要，才不會反覆摩擦乳頭而導致破皮唷。

乳房與乳頭的保護、保養，對於準備餵母乳的媽咪來說是必要的功課，千萬不要因為疏忽一時，讓餵奶計畫功虧一簣了；對於哺乳有疑問時，多尋求專業泌乳顧問的協助，購買相關產品前也多做功課，學習保護自己，才能順利開展照顧寶寶的第一步喔。

不是奶量多就最好

　　B小姐眉頭深鎖，抱著寶寶垂頭喪氣的走進診間，一看到我，就像洩了氣的皮球一樣攤坐在診台椅子上，有氣無力地說她已經超過3個月沒有一次睡滿3小時了。

　　「顧問，不是都說寶寶1-2個月的時候可以睡過夜嗎？為什麼我的寶寶只知道討奶吃？是不是我的奶不夠，他一下就餓了，白天一直餵不說，半夜還一直起來，要怎麼把奶量衝起來？我看我朋友的小孩親餵一次可以撐4個多小時耶，她隨便擠也有200-300，我擠半天也只有180，有辦法增加奶量嗎？」

　　「媽咪，妳一直堅持親餵真的很厲害，我剛剛幫寶寶做了簡單評估，他目前長得很好，體重身高都在標準之上，尿布便便也都很正常，媽咪帶得很好了，所以妳的奶量不是問題唷！」我試圖安撫鼓勵她。

　　「可是我想要多餵一點，奶多一點才能撐久一點啊！」

於是我告訴她今天也來掛號的A小姐的狀況。A小姐也是全親餵的媽咪，寶寶目前2個月大，媽咪因為寶寶喝奶時不停拉扯乳頭感到疼痛來掛號，想知道是不是親餵的姿勢不對。A小姐坐上哺乳椅露出乳房，才打開內衣、寶寶還抱在手裡，乳汁就像噴泉一樣的湧出，噴得好遠，我一面拿著紗布巾制止「湧流」的奶水，一面大概猜到狀況了。

　　果不其然，寶寶含上乳房吸沒兩口，一面發出咕嚕咕嚕的吞嚥聲，頭部一直往後伸展、拉扯著A小姐的乳頭，媽咪因為疼痛皺緊眉頭，但還是忍耐著。過了5-7分鐘後，寶寶終於鬆了嘴，A小姐如釋重負地抱起寶寶，接著寶寶嘴角就流出大量乳汁。A小姐說，寶寶10次裡面有9次都會溢奶，但她聽說小寶寶溢奶是正常的，應該長大一點就好了。

　　詳細問診後，A小姐提到寶寶很容易脹氣、晚上常哭鬧，加了益生菌也沒用。有幾天晚上寶寶終於不哭鬧，她想終於可以睡了，但沒多久就立刻因為脹奶被痛醒，只好又起來用機器擠奶。A小姐說不敢不起來擠，上個月就因為脹了1個多小時沒有擠，立刻就發燒得了乳腺炎，害她現在即使寶寶晚上沒討奶，但2小時又脹奶，一脹就趕快擠，深怕乳腺炎又復發。

「不是應該餵母奶對寶寶比較好嗎？我都忍著痛餵了，寶寶還是又吐又哭鬧脹氣，我該怎麼辦？」

我看著喪氣的A小姐說，問題可能出在她的「奶太多」了。A小姐聽了嚇一跳，說：「還有奶太多這種事？一般都怕奶太少，我在月子中心拼命追奶耶，現在竟然是因為奶太多？」

這是因為「奶量供給大於寶寶需求」，加上強烈噴乳反射（奶束又強噴的又遠），寶寶喝奶時易嗆到；加上寶寶喝得快，一卜就飽ㄌ，但因為消化不良而導致溢吐奶和脹氣。寶寶吃不了這麼多，媽咪只好一直擠奶以免乳房脹硬，但擠奶會讓乳汁製造更迅速，導致A小姐在不斷餵奶、擠奶的惡性循環裡苦不堪言。

希望這個故事能讓正在親餵的妳放寬心，因為奶多奶少都不是最佳狀態，雖然寶寶每次喝少少，但有少量「多餐」就OK，一樣能滿足成長發育的營養需求。只要媽咪與寶寶配合得剛剛好，白天家事請家人幫忙、晚上用躺餵的舒服姿勢餵奶，夜奶也可以稍微休息的。所以，不用羨慕別人奶很多，「奶量剛好夠吃的媽咪與寶貝才最輕鬆」！

親餵母乳的妳這樣吃

如果讓親餵母乳的媽咪提出疑問，一般至少有一半以上與「食物」相關。到底吃什麼才發奶、要如何退奶？什麼東西可以吃，什麼東西不能吃，吃什麼食物才好？都是媽咪心中的疑問，讓營養師來告訴妳。

營養師會建議媽咪在哺餵母乳期間首重均衡飲食，使用「健康餐盤」的概念，以蔬菜水果佔滿每餐飲食的一半以上，剩下來的1/4則以蛋白質肉類為主，另外1/4搭配多種雜糧穀類、富含纖維的澱粉，讓每種食物種類都能攝取足夠，確保媽咪和寶寶都能獲得多元養分。

哺乳期的飲食分配：「我的餐盤」

奶類

每日最少應攝取2杯，1杯的份量以240ml為單位，也可以用乳酪、優格、優酪乳、起司取代；建議吃奶蛋素的準媽咪，從蛋奶…等優良來源攝取。不吃奶蛋的純素準媽咪，可適量攝取鈣質豐富的堅果種籽、深綠蔬菜、豆類，以及海藻、酵母…等。

蔬菜及水果

蔬菜水果共占餐盤的一半。水果攝取不足時，可以用蔬菜來補足；挑選蔬菜時應以攝取多樣化為準則。每種植物因顏色不同而含有不同的天然化學物質，例如多酚、吲哚、類黃酮素、茄紅素…等，植化素能對人體發揮其特有的防禦、保護功能。挑選的顏色種類越多，所攝取的礦物質和維生素越多元，幫助媽咪提昇免疫力。

Part 1
1-1 新生兒檢查
1-2 哺乳與餵奶

Part 2
2-1 副食品概念
2-2 調配副食品
2-3 吃副食品後

Part 3
3-1 呼吸道疾病
3-2 消化道疾病
3-3 皮膚疾病

飲食與母乳間的關係

　　媽咪的飲食和分泌母乳之間存在著微妙關係，因為並不是媽咪吃的每樣東西都會分泌在母乳裡，也不是媽咪沒吃的東西在母乳裡的含量就是零。例如有些媽咪產後拼命吃鐵劑和鈣片，希望幫助寶寶補充鐵質和鈣質，但研究發現，母乳裡的鐵和鈣基本上是維持恆定的，也就是不管媽咪吃進了多少鐵和鈣，母乳裡的分泌量都不會有太大改變，這類營養素只是幫助媽咪補充產後所流失的部分，並不是因為要餵母乳才需增加攝取。

脂溶性營養素較易分泌到母乳中

　　到底什麼營養素最容易分泌在乳汁裡面呢？研究發現「脂溶性」營養素最受到媽咪飲食習慣的影響。例如媽咪多吃魚的話，乳汁裡的魚油成分就會提高；若吃很多胡蘿蔔，乳汁裡的

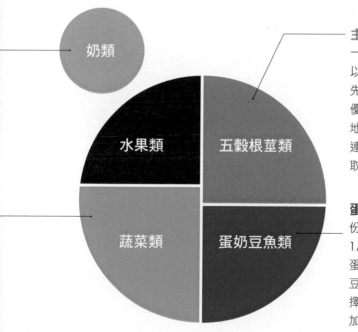

奶類

水果類

五穀根莖類

蔬菜類

蛋奶豆魚類

主食類
一餐攝取的份量為餐盤的1/4。以含豐富膳食纖維的種類為優先。五穀米優於白米，雜糧饅頭優於白饅頭，蕎麥麵優於白麵，地瓜優於馬鈴薯（馬鈴薯洗淨後連皮吃，也可以增加膳食纖維攝取量）。

蛋白質
份量與主食類相等，佔餐盤的1/4，以低脂肉類及優質植物性蛋白質為主。除了豆腐、豆皮、豆干、魚肉、家禽肉類是不錯選擇外，孕期時適度攝取紅肉、增加鐵質也是很重要的。

胡蘿蔔素就比較多。當然，如果媽咪有規律使用某些脂溶性藥物，也容易分泌在乳汁裡，建議媽咪用藥前先諮詢醫師或泌乳顧問，了解藥物的使用是否適合繼續哺餵母乳或是否有其他替代方案，再做決定。

常有媽咪或長輩喜歡比較母乳的顏色，誤以為顏色較淡的母乳通常比較沒有營養，其實這是不正確的。**母乳的顏色不等於其中所含的營養素，濃稠乳汁也不見得就是寶寶最好的食物，媽咪不需要以分泌濃稠乳汁為目標。**一般來說，擠出濃稠乳汁都是因為乳腺不通或是擠奶頻率太少，而導致乳汁很濃稠，這時反而要重新檢視自身飲食是否太過油膩，或是擠奶或是親餵的頻率是否恰當，才能避免之後乳腺阻塞的情況發生。

Part 1

1-1 新生兒檢查

1-2 哺乳與餵奶

Part 2

2-1 副食品概念

2-2 調配副食品

2-3 吃副食品後

Part 3

3-1 呼吸道疾病

3-2 消化道疾病

3-3 皮膚疾病

如何吃能增加奶量？

除了遵循「健康餐盤」的準則之外，純母乳媽咪應該以「一般飲食再增加500大卡」為基準，幫助製造充足分泌奶量所需的營養素。感覺上500大卡的份量並不多，但寶寶需要的營養素卻很多，媽咪應善加利用這500大卡，以攝取高營養價值的食物，不要浪費在吃一塊起司蛋糕或喝一杯珍珠奶茶上，這樣500大卡的「扣打」一下就用完了，但卻沒攝取到維生素C、B群、不飽和脂肪酸、重要礦物質…等有益於寶寶的營養。高熱量的垃圾食物的高飽和脂肪，有時更是許多媽咪塞奶的導火線喔。

如何攝取500大卡給寶寶營養

	醣類	蛋白質	油脂	其他
在家自己煮	半碗糙米飯	半條秋刀魚+1杯低脂牛奶	1匙堅果類	1碗煮熟的綠色蔬菜
	1條蒸地瓜（小）+半條水煮玉米	1顆雞蛋+半盒涼拌豆腐	3片酪梨	半碗炒蘑菇+1杯微糖木耳露
	半碗南瓜泥+1碗帶皮蘋果	手掌心大小的炒牛柳+1杯微糖豆漿		2片滷海帶+1條紅燒蘿蔔
外食（以超商與麵店為例）	1個小的滷雞腿便當			
	1個御飯糰+1顆茶葉蛋+中盒水果沙拉+1杯低脂牛奶+1小包無鹽杏仁／堅果			
	1碗小碗餛飩麵+1盤燙青菜（少肉燥）+3片滷豆干+2片滷海帶			

餵配方奶

除了親餵之外，有些寶寶會有喝配方奶的需求，配方奶是什麼呢？營養素夠嗎？以下我們就來一同了解吧。

什麼是配方奶？

正確來說，配方奶是「母乳替代品」，也就是沒有母乳可用時的備選方案。奶粉廠商向酪農收集牛奶之後，先用離心機把鮮奶中的雜質、油脂分離，隨後加熱蒸發，再用不同的方法（例如噴霧乾燥、薄膜乾燥⋯等），使鮮奶變成奶粉。

不同的廠商可能在不同的時程，會將其中的某些營養素分離，調整至與母乳相近的營養素比例（例如酪蛋白和乳清蛋白的比例：一般鮮牛奶是9：1，而調整過後接近母乳則是4：6），或加入寶寶需要、但牛奶裡面可能缺乏的營養素（例如益生菌、果寡糖、核苷酸、維生素D和許多其他維生素礦物質⋯等），最後分裝成一罐一罐的嬰兒配方奶粉。

但因為奶粉的製造過程並非完全無菌，最後裝罐過程也沒有再經過最後的滅菌，因此奶粉並非「無菌」食品。目前使用配方奶最常見的問題，

除了泡製方法錯誤而導致濃度、電解質比例不當讓嬰兒產生不良狀況之外，就屬奶粉中的致病菌讓寶寶食物中毒和其他危害最為常見。**因此爸比媽咪沖泡奶粉時，一定要注意沖泡方法是否適當，並且正確儲存奶粉和購買品質有保證的配方奶，才不會讓寶寶吃出問題。**

現在許多國家也有即飲配方奶水上市，奶水通常會經過滅菌過程，以確保衛生安全和貨架保存期限，因此許多早產兒或是免疫力低下、需在加護病房觀察的嬰兒常常使用即飲配方奶水，也減少醫護人員的作業流程。但一般健康的嬰兒並不需要即飲配方奶水，一方面是因為價格高昂、取得不易之外，另一方面是一般新生嬰兒並不需要食用完全無菌的食物（這樣才能幫寶寶建立免疫力），而且奶水攜帶出門很重，不會是一般配方奶家庭的第一選擇。

Part 1

新生兒檢查 1-1

哺乳與餵奶 1-2

Part 2

副食品概念 2-1

調配副食品 2-2

吃副食品後 2-3

Part 3

呼吸道疾病 3-1

消化道疾病 3-2

皮膚疾病 3-3

正確的沖泡奶粉方式

1 徹底洗淨洗淨雙手。

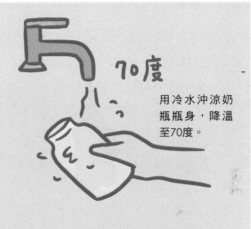

用冷水沖涼奶瓶瓶身，降溫至70度。

2 使用煮沸過的開水，冷卻奶瓶瓶身降溫至70℃備用。

3 將欲泡奶量的70℃溫開水倒入徹底消毒過的奶瓶，再依奶粉罐上的指示量加入奶粉。記得一定要使用奶粉罐裡附的湯匙，每次需以「平匙」為基準，千萬不可以自己調整配方奶濃度，因為濃度過高過低都有可能引起嚴重後果。

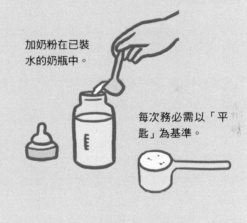

加奶粉在已裝水的奶瓶中。

每次務必需以「平匙」為基準。

4 輕輕搖晃奶瓶、讓奶粉溶解均勻後，隔水降溫至比體溫略高的40-45℃，爸媽要記得在餵奶之前，先滴幾滴沖泡好的奶水在手腕內側，先確認溫度不會燙傷寶寶，才能餵奶。

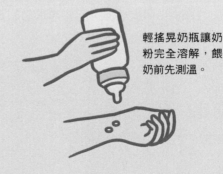

輕搖晃奶瓶讓奶粉完全溶解，餵奶前先測溫。

奶瓶消毒怎麼做？

煮沸法

❶ 洗淨玻璃奶瓶，放入不鏽鋼鍋中，加入適量冷水（水量需蓋過奶瓶）；蓋上鍋蓋，放置於瓦斯爐上加熱。必須在冷水時就放入玻璃奶瓶，以防止劇烈溫差所導致的破裂情形。

❷ 待奶瓶煮沸10-15分鐘後，放入奶嘴、奶嘴固定圈、奶瓶蓋，繼續煮3-5分鐘熄火。

溫馨小提醒：

如果是塑膠奶瓶，應在這時候才放入奶瓶，因為塑膠奶瓶不適合長時間煮沸，建議等水煮沸後再放入才安全。另外，要注意看塑膠奶瓶上的耐熱標籤，如果奶瓶材質不耐超過100℃的高溫，則建議使用蒸氣鍋。

❸ 冷卻後，以消毒過的奶瓶夾夾起所有食器，並置於乾淨通風處，倒扣瀝乾。

溫馨小提醒：

此不鏽鋼鍋僅限於消毒奶瓶時專用，不能與家中烹調食物的其他鍋子混用。

蒸氣鍋消毒法

❶ 按照產品說明書指示，將適當水量倒入鍋中，依品牌不同，所需水量會有所差異。

❷ 將洗淨的奶瓶、奶嘴、奶嘴固定圈、奶瓶蓋一起放入，按下開關。

❷ 待消毒完畢，會自動切斷電源。

溫馨小提醒：

不可以使用微波爐來消毒或溫奶。

Part 1

新生兒檢查
1-1

哺乳與餵奶
1-2

Part 2

副食品概念
2-1

調配副食品
2-2

吃副食品後
2-3

Part 3

呼吸道疾病
3-1

消化道疾病
3-2

皮膚疾病
3-3

如何儲存奶粉與即飲奶水？

奶粉：

　　一般奶粉在未開罐以前，應置於陰涼乾燥處保存；開罐當日，應在奶粉蓋上標注開罐日期，使用期限是在1-3個月內，以1個月最為理想。

　　泡好的奶粉在室溫下不應該放置超過2個小時，如果接觸到寶寶嘴巴（例如寶寶喝一半就不喝了），則應該1個小時內丟棄，不能再放回冰箱留到下次使用。如果想要一次泡較大量的奶粉，應以一天為限，例如早上起來泡好24小時內寶寶要喝的奶水，每次要喝奶時，再倒進小奶瓶中溫熱，不能一次泡好一個禮拜的份喔。

即飲奶水：

　　即飲奶水未開罐之前，可放室溫陰涼乾燥處保存，一旦開封後就應該放冰箱冷藏。

如何選購合用奶瓶&奶嘴？

　　挑選奶瓶首重材質，玻璃瓶是最容易清潔消毒，並且耐高低溫良好，但是缺點是瓶身較重，攜帶不便且容易打破；PP和PE材質則需注意是否耐高溫，不然奶瓶無法經過消毒鍋的滅菌過程，容易讓母乳或配方奶酸敗。

　　各種形狀的奶瓶，除了需和擠奶器搭配之外，零件少、容易組裝、攜帶方便常是媽咪主要的購買考量點，建議爸媽先在婦嬰用品店試用，確定合手之後再購買，較能確保適用性。

不同形狀的奶嘴

圓孔奶嘴：中間有一小圓孔

雙孔奶嘴：中間有兩孔

十字奶嘴：中間有十字切口

而奶嘴的選擇首重可耐熱，因為要常常消毒，因此必須是耐熱材質。此外，奶嘴一般是矽膠材質，是否會有溶出的可能性，也是爸媽挑選時的重要考量因素。奶嘴有許多不同的形狀、大小和孔洞，**建議目標親餵的媽咪可選形狀較寬、長度較短、孔隙較小的奶嘴，幫助寶寶習慣張大嘴吸吮乳汁；若是容易脹氣的寶寶，可嘗試防脹氣的奶嘴；而喝配方奶的寶寶，因為配方奶比較濃稠，會建議用十字孔的奶嘴，更方便奶水流出。**

正確使用奶瓶餵奶

如何瓶餵

使用奶嘴餵奶時，應讓寶寶應呈現「斜躺半坐姿」的狀態，握奶瓶不宜過度直立，只要有奶水充滿奶嘴頭、不要產生空氣即可，因為奶瓶全直立的話，可能會讓寶寶喝太快，比較容易產生溢奶或吐奶的情況。當喝奶的速度變慢時，請不要旋轉奶瓶或是硬塞給寶寶喝，建議暫時停止餵食，先抱起寶寶，幫他（她）拍嗝後再繼續餵奶，盡量不要讓寶寶產生被「強迫餵食」的負面經驗。

如何親餵＆杯餵

準備親餵的媽咪，初期可以準備玻璃寬口瓶，必須添加配方奶或擠出母乳瓶餵時，可不用奶嘴，直接以寬口瓶就口，使用「杯餵」的方式。採用「杯餵」能減輕之後「奶瓶混淆」的狀況，有需要的爸媽可請教出生院所的醫療人員，學習正確安全的杯餵方式，避免杯餵的時候嗆到寶寶。

Part 1

新生兒檢查 1-1

哺乳與餵奶 1-2

Part 2

副食品概念 2-1

調配副食品 2-2

吃副食品後 2-3

Part 3

呼吸道疾病 3-1

消化道疾病 3-2

皮膚疾病 3-3

如何拍嗝

寶寶喝奶時可能因為喝得比較快又急，加上寶寶消化道比較短，喝完奶會有溢吐奶的情況是很普遍的。在寶寶喝完奶後，以下兩種「拍嗝」的動作可有效紓解這樣的情況。

1 直立抱法

讓寶寶側靠在肩上，肩上放一塊小毛巾，以防寶寶排氣溢奶時弄濕衣服。一手托住寶寶屁股，另一手則弓手掌幫寶寶拍背。必須注意將寶寶的臉側放，避免造成寶寶窒息。

2 坐姿抱法

用手托住寶寶的下巴及前胸，讓頭頸固定，使寶寶成垂直坐姿。另一手將手掌弓著拍背，拍背時，由下往上，並避開脊椎。避免拍背太久使寶寶覺得不舒服，也可用掌心畫圓按摩，交替進行。

進行「拍嗝」動作時，建議輕拍至空氣排出，如果寶寶一直沒有打嗝，也不用一直拍太久，大約拍個10分鐘，待沒有氣體排出就可停止了。正確的拍嗝排氣方式，可以舒緩寶寶的脹氣情形，還能幫助腸胃蠕動和增加食慾。

防止溢吐奶的小訣竅

除了拍嗝之外，還有一些小方法可以幫助寶寶舒緩脹氣，例如餵奶間隔不要太長，少量多餐比較適合寶寶；鼓勵寶寶喝奶的時候慢慢喝，不用一次灌完180ml，中間休息個2-3分鐘再喝完全部。另外，喝完奶後不要立刻躺平，建議直立抱著寶寶或是採坐姿抱著，如果要躺在小床上的話，也可以把床頭搖高，能減少寶寶溢吐奶的情形。

哺餵期間的各種狀況

哺餵寶寶的過程中，需要彼此磨合、依著寶寶的個性和成長步伐慢慢找到一個平衡之道。爸比媽咪不妨先透過此章節，哺餵寶寶就能輕鬆一些。

喝多喝少？怎麼餵奶才剛好？

不同時期寶寶一天熱量應該多少？換算成配方奶該喝幾ml？

如果您親餵母乳，恭喜您，請自動跳過這一段。

如果您自認數學不好，麻煩您，也請自動跳過這一段。

如果您寶寶很孝順、晚上乖乖睡覺、數字也難不倒您，那再請您看下去。

0-6個月大的寶寶每日所需熱量為每公斤100大卡，6-12個月大稍微下降為每公斤90大卡。換算成嬰兒配方奶每天所需量的話（1ml=0.67大卡）

熱量需求計算方式

0-6個月寶寶
每日總熱量=體重 X 100 大卡
每日總奶量=體重 X 150ml

6-12個月寶寶
每日總熱量=體重 X 90大卡
每日總奶量=體重 X 135ml

範例：

5個月大的6公斤寶寶，每天所需總熱量為6X100=600大卡=每天總奶量為6X150ml=900ml配方奶

10個月大的9公斤寶寶，每天所需總熱量為9X90=810大卡=每天總奶量為9X135ml=1215ml配方奶

註：開始吃副食品的寶寶，因為還有其他熱量來源，每日真正所需總奶量可能會比公式計算來得少。

Part 1

1-1 新生兒檢查

1-2 哺乳與餵奶

Part 2

2-1 副食品概念

2-2 調配副食品

2-3 吃副食品後

Part 3

3-1 呼吸道疾病

3-2 消化道疾病

3-3 皮膚疾病

則分別為0-6個月每天每公斤150ml與6-12個月每天每公斤135ml。

但需注意過胖或過瘦的寶寶不適用這個公式，因為如果一直拘泥於這公式計算，則寶寶體重會變成「M型化」，肥嘟嘟寶寶會越來越胖，而瘦皮猴寶寶會越來越瘦。

如果擔心使用體重的公式計算會造成「M型化」，則可以參考世界衛生組織寶寶熱量的建議（非親餵寶寶）。因為每個寶寶代謝速率、運動量本來就有差異，所以世界衛生組織除了列出平均熱量以外，還列出增加兩個標準差（SD）的熱量以符合大塊頭寶寶們的需要（胖寶寶對此表示由衷的感謝啊～）。

特別的是，研究顯示母乳哺餵的寶寶，每日所需的熱量比配方奶寶寶來的低，這是因為餵配方奶寶寶的基礎代謝率比較高。所以親餵母乳還真是神奇啊。

媽咪問！我的寶寶的喝奶量不夠怎麼辦？

在門診很常被問到，「我聽說寶寶每天要喝每公斤150ml的奶，可是我的寶寶都喝不到怎麼辦？」。

寶寶可不是機器人，每個人的代謝速率、所需奶量都是不一樣的。只要寶寶體重、身高在正常的百分位內，照著自己的步伐在成長，那就是正常的，爸比媽咪和家中長輩們請別擔心。

寶寶不喝奶怎麼辦？

寶寶於3-4個月左右開始，常常餵奶時都像在打仗一樣。有時喝到一半頭就甩來甩去，再繼續餵下去就放聲大哭。原本喝150ml的奶有時只喝60-90ml，可是寶寶看起來精神很好，活力十足，奶瓶一拿開就笑嘻嘻。

以上的狀況就是常見的「厭奶期」，有的寶寶1-2個禮拜就過去了，有的寶寶卻一直持續幾個月。**如果沒有合併嘔吐、明顯腹脹、腹瀉，下一餐又吃的很正常，那通常只是暫時不想喝奶。**

每個寶寶的成長速度不同

因為寶寶的成長速度在每個階段不同，許多4個月大的寶寶體重已經達到出生時的2倍以上，累積了不少能量在身上。但身體能做的運動卻還不會太多，通常只是躺著轉轉頭、踢踢腳、揮手，消耗不了太多的熱量。有時寶寶明明還不餓，卻又被定時定量地餵奶，所以偶爾喝不完是正常的。強迫餵奶會造成反效果，只會讓寶寶更抗拒奶瓶，甚至一看到奶瓶靠近就大哭。**如果寶寶身高體重百分位仍在自己成長的步伐內，則不必強求每餐一定要定時定量喝完。**

若寶寶已經4個月了，而且頸部控制也越來越成熟，就可以開始給寶寶接觸副食品了。換個不同的口味，也許寶寶接受度更高喔。

不同時期寶寶的每日所需熱量參考

	平均每日所需熱量（大卡）	每日所需熱量加兩標準差（大卡）
6-8個月	615	769
9-11個月	686	858
12-23個月	894	1118

Part 1

1-1 新生兒檢查

1-2 哺乳與餵奶

Part 2

2-1 副食品概念

2-2 調配副食品

2-3 吃副食品後

Part 3

3-1 呼吸道疾病

3-2 消化道疾病

3-3 皮膚疾病

怎麼避免寶寶夜奶？

「到底什麼時候可以戒夜奶啊？我已經半年沒睡好覺了，我的寶寶就像夜行性動物，專門在夜間覓食…」

一般來說，寶寶夜間的持續睡眠，如果是餵配方奶的寶寶，通常2個月大時可達5-6小時，4個月大可達7-8小時，6個月以上還一直半夜起來討奶喝就不太正常了，要考慮是不是傍晚時分睡眠時間太長、夜間淺睡時段容易驚醒。

戒夜奶的小方法：
建議下午5-6後最好不要再讓寶寶小睡，直接撐到8-9點睡覺。夜間驚醒時，不要先拿餵奶當讓寶寶睡著的武器，可以試著讓寶寶自行入睡，或是幫寶寶拍拍背、唱唱歌、吸吸奶嘴，不要養成一夜哭就餵奶的習慣。

不過若是親餵母乳的寶寶夜間睡眠長短可能就不一定了，有的到了5-6個月大還是半夜會起來2-3次，不過多半喝完又會乖乖繼續睡著。門診常遇到這種作息的媽咪，看起來精神奕奕，一點都沒有睡不飽的困擾，要是換成我連續幾天半夜被叫醒3次，早就崩潰了，真的非常佩服媽咪們啊。

如果親餵母乳的媽咪想晚上讓寶寶睡久一點，**白天可以盡量增加餵奶頻率**，可以每2個小時就餵餵看，只要白天喝的量足夠，晚上有可能會睡得久一點。或是睡前那一次改成擠出來瓶餵，也許一次喝的量就能夠比較多。不建議在奶瓶裡加副食品如米精…等直接瓶餵，這樣雖然會增加熱量，但研究顯示奶瓶裡加副食品會增加殘留細菌量，增加寶寶感染腸胃炎的機會。

一天該喝多少水呢？

奶水奶水，故名思義奶裡面大部分都是水。母乳裡的水分高達90%，所以頻繁親餵的寶寶幾乎每天都從母乳裡取得許多的水分。然而瓶餵配方奶的寶寶，從4-6個月接觸副食品起可能就需要額外的水分補充。

寶寶每天攝取的水量與寶寶本身的尿液&體表流失量有關

寶寶每天需要的水量主要取決於「尿液流失」與「體表流失的量」，其中尿液流失的量跟腎臟溶質負擔（身體不需要的物質，就必須由腎臟排出）與寶寶腎濃縮能力有關。**簡單的說，若寶寶吃的食物裡若有過多的電解質與蛋白質代謝產物，則每天需要的水量就更多。**而體表流失的量當然跟氣溫有關，越熱的環境經由皮膚汗水流失的水分就越多。

據估計，6個月大以上的非親餵寶寶從奶與副食品裡，每天約取得200-700ml的水量，但還需要400-600ml的額外水分，在熱帶地區甚至需要800-1200ml。所以一天裡面需要提供寶寶數次的乾淨開水，以確保寶寶不會口渴。

讓寶寶自己決定喝多少水

再次提醒爸比媽咪，每個寶寶的奶量、副食品量、活動量與環境溫度都不同，不可能會有一個喝水的公式適合每個寶寶。例如同在36度夏天的台灣，24小時在家裡吹冷氣的寶寶，跟出門散步3個小時的寶寶水分需求量是絕對不一樣的。所以**最好的方式是「讓寶寶自己決定喝多少水」**，家長的工作就是準備好乾淨的開水，每天數次試著讓寶寶喝水，觀察寶寶的尿量是否足夠。

Part 1
1-1 新生兒檢查
1-2 哺乳與餵奶
Part 2
2-1 副食品概念
2-2 調配副食品
2-3 吃副食品後
Part 3
3-1 呼吸道疾病
3-2 消化道疾病
3-3 皮膚疾病

新生兒常見的三種狀況

1.腸絞痛

「寶寶在院子中心都睡得好好的，怎麼滿月回到家就開始每天傍晚大哭好幾個小時。我們奶也餵了、尿布也換了、還一直抱著他走來走去，怎麼仍然哭得很兇滿臉脹紅，是腸絞痛嗎？」

雖然現代醫學進步，可以打疫苗預防癌症、複製器官，但為什麼有的寶寶在晚上會瘋狂大哭仍是未解之謎。依記載，西元前就有位希臘醫師開鴉片給哭鬧不止的寶寶，直到數十年前醫師還建議開鎮定安眠藥給腸絞痛的寶寶，但因為這些藥物在新生兒產生的副作用太大，現在已不再建議使用。由這些藥物的使用歷史可以知道從古自今有多少腸絞痛的寶寶在家裡哭得驚天地、泣鬼神，而且會對家長產生極大的壓力。寶寶雖然不能服用鎮定安眠藥，不過爸媽倒是很可能需要。

腸絞痛的寶寶比例大約為20%，也就是5個寶寶裡就有1個。發生的時間點通常是傍晚或半夜，不論大人怎麼抱、怎麼搖都還是瘋狂地大哭，寶寶臉部會脹紅眉頭緊皺，雙手握拳揮舞，歇

斯底里似的高音頻大哭，有時腳會高舉貼近腹部，頭掙扎得往後仰，而且幾乎沒有特別的理由與前兆。

如何觀察寶寶腸絞痛

腸絞痛多發生於出生3個禮拜大開始，並持續到3個月大，定義上一天哭鬧次數超過3個小時以上、一個禮拜超過3天以上，就算是腸絞痛。所以腸絞痛的診斷其實很主觀，主要是靠家長的描述與紀錄，並不是由抽血或照X光來診斷。兒科醫師見到哭鬧不止的寶寶時會做詳細的問診與身體檢查，目的是要排除其他造成疼痛而哭鬧的疾病，例如疝氣、中耳炎、腸套疊…等。寶

寶哭鬧時如果合併以下情況，可能不是單純的腸絞痛，就要立刻就醫：

❶嘔吐
❷大便異常，特別是血便或黏膜便
❸發燒（>38度）
❹嗜睡（長時間不喝奶、失去笑容、吸吮力變弱）
❺體重增加緩慢

診斷寶寶腸絞痛後，我通常先跟家長保證，只要沒有上述的危險徵兆，寶寶腸絞痛只是一個過渡期，過了3個月後自己會好。如果全家人看起來很疲憊，甚至在門診媽咪都忍不住落淚，那我會開一些消脹氣藥物或益生菌試圖減緩寶寶哭鬧的頻率。如果爸媽雖然好幾天沒睡好，但在門診仍然精神奕奕、開開心心，我就不會開藥，只會介紹一些哭鬧時安撫寶寶的小技巧：

方法❶ 讓寶寶聽聽低頻持續的白噪音

如烘衣機、吸塵器、電扇…等，不過每個寶寶喜歡的背景聲音可能不同，我遇過一位寶寶只要聽到水龍頭的流水聲就會立刻睡著，關了就會立刻醒過來。

方法❷ 哭鬧時，不要一直待在同一個房間

可以抱著寶寶離開臥房到客廳、浴室、走廊、陽台走走（沒錯，我當初就是背著我家弟弟在家裡晃來晃去）。如果安全無疑，也可以抱著寶寶到附近便利商店走走。不同的燈光、溫度、背景噪音都可能轉移寶寶的注意力而停止哭泣。

方法❸ 幫助寶寶變換姿勢

哭鬧時，可以把寶寶大腿舉起貼近腹部減輕腹壓，就像大人肚子痛時彎著腰般會比較舒服。

方法❹ 輕輕地搖晃寶寶

輕輕來回搖晃寶寶，但幅度不要超過2-3公分。

方法❺ 開車兜兜風

以前在急診常常遇到主訴哭鬧不止的嬰兒，爸媽在家裡很擔心寶寶有問題，趕緊帶寶寶來醫院急診，但寶寶一

上車剛開動就不哭了，只剩下尷尬的爸媽對我解釋剛剛家裡的慘狀。可能是開車時的震動對寶寶有安撫的效果，如果沒效，也許是你家的房車避震效果太好太高級了。不過安全還是最重要的，寶寶在車上一定要使用汽車安全座椅，我自己倒是沒試過半夜開車帶寶寶壓馬路。

腸絞痛的比例在餵哺母乳與配方奶寶寶中是一樣的，也就是說餵母乳不會增加腸絞痛的機會，媽咪可以放心繼續哺餵母乳。不過有份研究顯示哺餵母乳的媽咪若改用低敏飲食，例如減少鮮奶、奶類製品、蛋與堅果類，可以減低寶寶腸絞痛的程度，親餵的媽咪可以試試看。而配方奶寶寶可以嘗試部分水解奶粉與低乳糖配方，因為有的寶寶不舒服可能是對牛奶蛋白過敏或不耐受，或是乳糖的消化能力比較差的狀況。

腸絞痛的寶寶只要過了3個月大，就會自然減緩停止。而且研究顯示腸絞痛寶寶長大後的行為發展很正常，他

們氣喘或過敏的機會跟一般寶寶是一樣的。所以只要撐過這60天，你們一定可以睡個好覺。

2.嬰兒胃食道逆流

「哇，才剛換上乾淨衣服跟清乾淨地板，寶寶又吐了…」

「這麼會吐，是不是胃太淺啊？」

每個寶寶都曾經溢奶或吐奶，但如果每天吐、餐餐吐，那爸媽一定會擔心寶寶是不是生病了，至少每天光是換衣服、洗小孩、清地板就累死了。**絕大多數易吐奶的寶寶都只是胃食道逆流**，沒錯，寶寶也會「火燒心」般的胃食道逆流。這主要是嬰兒的胃與食道的括約肌張力本來就比較弱，再加上奶是流質食物，而且寶寶大部分時間都是平躺為主的姿勢，使得嘴巴與胃沒有高度造成的壓力差，很容易寶寶身體扭一扭，導致腹部壓力上升，奶就衝過胃跟食道的括約肌往上逆流吐出來。

胃食道逆流的嘔吐跟嚴重疾病一般還蠻好區分，因為大部分寶寶都是「快

Part 1
新生兒檢查 1-1
哺乳與餵奶 1-2

Part 2
副食品概念 2-1
調配副食品 2-2
吃副食品後 2-3

Part 3
呼吸道疾病 3-1
消化道疾病 3-2
皮膚疾病 3-3

樂的嘔吐」，寶寶可以剛像大法師電影般狂吐後，又開開心心的笑著看你清地板（如果你還沒發脾氣），下一餐也吃得很好。

大部分的胃食道逆流症狀會自然消失只要沒有合併嚴重症狀如躁動不安、體重上升遲滯、拒食、咳嗽與呼吸喘鳴…等，很少需要藥物的治療。一般胃食道逆流症狀到寶寶6-12個月大會自然消失，不過總不能叫爸媽每天狂洗衣服、含淚清地板一整年吧。以下介紹5個減少胃食道逆流嘔吐的秘訣：

秘訣❶ 增加奶的黏稠度

4個月以上寶寶（若症狀嚴重可以考慮3個月大開始）可以在奶裡加一點米糊，如用60ml奶加1湯匙的米糊，以增加食物黏稠度。如果太黏稠導致奶嘴頭流速不順，建議可買開口再大一號的奶嘴。但絕對不可以故意把奶粉泡得比較濃，如原本應該1匙奶粉泡60ml開水，自作主張改成1匙泡30-40ml，這樣可能會導致電解質不平衡的嚴重後果。

秘訣❷ 喝完奶後直立抱著30分鐘

容易胃食道逆流的寶寶喝完奶不要馬上躺平，**最好直立抱著30分鐘**。趴著的姿勢對減少胃食道逆流有幫助，但因為會增加嬰兒猝死症（SIDS）的機會，所以最好不要對6個月以下的寶寶嘗試。

平躺時，可以嘗試在頭部下方墊一個摺疊的小毛巾，但不能太高而使頸部過度彎屈壓迫到呼吸道。此外，不建議採用坐姿，例如把寶寶放在安全座椅上，因為這樣雖然上半身直立，但坐姿腹部反而會受到壓迫，更容易嘔吐。

秘訣❸ 多拍嗝

每餵30-60ml就試著幫寶寶拍嗝。

秘訣❹ 少量多餐

可以由每4小時餵奶改成每3小時餵奶，但一整天總奶量不變。

秘訣❺ 慎選副食品

應避免油膩、辛辣的副食品，因為這些食物會減緩胃排空的速度。巧克力、薄荷、番茄、柑橘、咖啡因…等會減少食道下方括約肌張力，所以也要避免。

Part 1

1-1 新生兒檢查

1-2 哺乳與餵奶

Part 2

2-1 副食品概念

2-2 調配副食品

2-3 吃副食品後

Part 3

3-1 呼吸道疾病

3-2 消化道疾病

3-3 皮膚疾病

3.消化不良

「寶寶大便怎麼都是稀稀的，裡面還有一些白色顆粒？」

有時會看到寶寶大便裡有一顆顆白色的球狀體，看起來像沒泡開的奶塊，爸媽會很擔心是不是腸胃出了什麼問題，可是明明看起來喝奶喝得很開心，也沒有任何不舒服的樣子。這其實是**奶裡面的脂肪消化不完全，而在大便裡形成的脂肪球**。在母乳哺餵的寶寶身上特別常見，因為母乳中後奶的脂肪成分比較高，富含較高的熱量。

如果寶寶吸奶吸得很認真，連後奶大量的脂肪成分都吃進去，可是有時候來不及完全吸收，就跑到大便裡形成一顆顆的白色脂肪球。通常大便裡有脂肪球的寶寶喝奶量都不少，體重也比較壯碩，表示已經吸收得很好，大出來的脂肪球通常只是寶寶不需要的。換個角度想，寶寶就是媽咪產後減重最佳的秘密武器，可以不用辛苦運動累得半死就有人幫妳吸出體內的脂肪，要好好感謝寶寶啊。

更多了解！
寶寶常見的消化不良原因

Q 寶寶一喝奶就馬上大便，難道是直腸子都沒消化嗎？

A 寶寶腸胃道有一種特殊的「胃直腸反射」，只要食物進入胃，大腸平滑肌就會開始蠕動，媽咪很容易在餵奶時聽到寶寶肚子咕嚕咕嚕的聲音，有的寶寶甚至上面大口吃、下面盡情大。這是正常的反射結果，尤其在純母乳的寶寶，因為大便都是水稀為主，很容易直腸一蠕動就大便出來。而這些大便當然不是剛吃進去的奶，至少是前兩餐的8個小時前經過消化吸收後的產物。

Q 我的寶寶喝配方奶，怎麼換來換去都不合？

A 據一項全球的調查，66%的家長覺得自己寶寶有奶粉不適應的問題，而同份研究裡的台灣家長比例更高達75%。許多人會覺得寶寶脹氣、哭鬧、便祕、腹瀉、溢吐奶可能跟奶粉品牌不合有關，而更換奶粉的品牌。但超過3分之2以上的家長只是更換不同的牌子，但還是選擇一般配方奶，只有不到3分之1的家長會從一般配方奶換成特殊配方奶粉如部分水解配方、完全水解配方、大豆配方、防吐奶配方等。

每一家一般配方奶裡的蛋白質、脂肪、糖分、礦物質、維生素的比例都是必須符合法規的，也就是說彼此間差異並不會太大。若寶寶腸胃不適真的與牛奶蛋白或乳糖消化有關，則更換不同奶粉牌子的意義不大。最好諮詢您的兒科醫師，確認寶寶是否真的有消化不良的症狀，若有此症狀，醫師會建議改用哪一類的特殊配方奶粉。

Part 1

1-1 新生兒檢查

1-2 哺乳與餵奶

Part 2

2-1 副食品概念

2-2 調配副食品

2-3 吃副食品後

Part 3

3-1 呼吸道疾病

3-2 消化道疾病

3-3 皮膚疾病

Q 什麼情況才算是消化不良呢？

A 如果寶寶大便次數突然持續幾天變多、性狀也變得比以前更稀、大便份量多而且看起來油油的，此時就要懷疑是不是消化不良。

如果檢驗大便裡看到還原糖，則表示可能是乳糖不耐受症，大多是急性腸胃炎引起的；如果大便裡驗出脂肪，則可能是脂肪不耐受症。如果是乳糖不耐受症但體重增加正常，則不必擔心，只需觀察即可；但若是拉得太厲害，連屁屁都破皮了，則兒科醫師有時會建議以低乳糖配方奶或無乳糖奶粉來調整腸道功能。

Q 牛奶蛋白不耐受會有什麼狀況？

A 一般配方奶寶寶有可能會出現牛奶蛋白不耐受的狀況，常常以便祕、腹瀉、溢吐奶來表現，這是因為寶寶腸胃道發育尚未完全成熟，對牛奶蛋白消化不良。此時可以**將一般配方奶改成「部分水解」配方奶，對改善寶寶腸胃不適症狀有幫助。**

Q 怎麼治療牛奶蛋白過敏？

A 牛奶蛋白過敏比較少見，但症狀比較嚴重，除了類似牛奶蛋白不耐受的便祕、腹瀉、溢吐奶之外，常伴有大便血絲的情況。過敏原因是身體免疫系統對牛奶蛋白產生過敏反應引起腸胃道發炎，而治療**方式是改用「完全水解」配方奶，或是「黃豆蛋白」配方奶。**可以由寶寶血液內驗出牛奶蛋白IgE來確定診斷是否對牛奶蛋白過敏。

Dr. Wu's Column

從排便了解寶寶狀態

寶寶便便的各種狀態

「我很努力餵母乳，可是寶寶一出生就開始拉稀便，是我母乳有問題嗎？」

「寶寶以前每天都有大便，可是現在一個禮拜才大一次，是便祕嗎？」

實際上只要了解新生兒各種不同時期的大便變化，就知道這些都是正常的。新生兒出生的前幾次大便很特別，摸起來很黏稠、顏色又很深黑色，有點像瀝青一樣，這是胎兒在媽咪肚子裡就已經形成的大便，稱為胎便。**新生兒會連續解1-2天深黑色胎便後，之後因為喝奶進入腸胃道，慢慢地大便會轉換成黃色或綠色（大便卡7-9號顏色）。**

從便便顏色做判別

黃色與綠色的大便是代表大便裡有正常肝臟分泌的膽汁。相反地，如果新生兒大便不是黃色與綠色，而是白色與灰色（大便卡1-6號顏色），表示可能膽汁流得不順，那就要非常小心，需要立刻找兒科醫師檢查，因為可能是嚴重的膽道閉鎖或新生兒肝炎等疾病，**膽道閉鎖是個跟時間賽跑的疾病，最好在2個月內確定診斷與開刀治療，才能有較好的預後。**

新生兒的大便跟喝的奶有很大的關係。喝母乳的寶寶大便比較水稀、次數比較多，顏色比較偏金黃色（大便卡7號顏色），而喝配方奶的寶寶大便比較黏稠，次數比較少，顏色比較偏綠

色（大便卡9號顏色）。**顏色的區別主要是配方奶粉裡都添加了比母乳多的鐵質，而未完全吸收的鐵質在大便裡會讓大便偏綠色。**

什麼是「母乳便」？

純母乳的寶寶很特別，在第一個月內大便次數很多，往往一天會換到8-10次以上的沾有大便的尿布。主要是純母乳寶寶的大便很稀，有時候寶寶一邊喝奶一邊就會大便，甚至只是放個屁就順便帶一點水稀便出來，這是正常的「母乳便」，並不是拉肚子。等到純母乳寶寶滿月後，大便次數會漸漸減少成一天4-6次以內，再過一段時間大便次數可能會變成4-5天才大一次，甚至10-14天以上。

只要寶寶喝的量正常，也就是說一天裡更換有份量的尿布至少6次以上，而且體重穩定增加，那就是正常的母乳便，而不是便秘喔。便秘是指硬硬的一顆顆的大便，純母乳寶寶雖然有時很多天才大一次大便，但大便性狀還是稀稀糊糊的。而且有趣的是，通常一大就會大很多，往往會量大到衝出尿布外，沾到背後的衣服上，就像大便土石流一樣。不過我很少聽到爸爸媽咪會抱怨要清洗沾到大便的衣服，因為終於看到久違的大便了，開心都來不及了。

那什麼是有問題的大便呢？**如果便便裡有黏液（一小坨像鼻涕的黏液）、血絲或是灰白的大便都是不正常的，**需要立刻找小兒科醫師檢查。還有尚未吃副食品的寶寶大出一顆一顆**像羊大便的硬便，**也是不正常的表現，最好詢問一下小兒科醫師。

溫馨小提醒：

覺得便便有問題的話，最好立刻用手機或相機照起來，醫師看診的時候比較能正確診斷。因為顏色與性狀會隨時間改變，例如大便裡的血絲幾個小時後氧化往往就看不清楚了。如果1-2個小時內的不妨將「證物」帶到診間，兒科醫師應該是最習慣看大便的醫師了。

吳醫師專欄 × Q & A

寶寶便祕的緩解方式

「醫生，我家寶貝2天沒大便了怎麼辦？是便秘嗎？」

「寶寶大便時都臉紅脖子粗的，可是大出來都是軟便，有問題嗎？」

真正的便秘是指：

❶大便性狀：硬大便或一顆顆小球狀的大便

❷大便行為：大便時會痛甚至流血

❸大便次數：跟寶寶本身的習慣相比，次數比以前少

所以寶寶雖然2、3天才大便一次，但每次都軟軟糊糊的，解便時也沒有哭或痛苦的樣子，那就不算是便秘。而且因為寶寶的腹部肌肉還不發達，大便時可能會看到全身用力臉部脹紅，但沒有哭鬧，且大出來的不是硬大便，那也是正常的，不算是便秘。

飲食＋行為改變配合藥物治療，寶寶便秘不可怕

大部分的孩童便秘跟食物、排便習慣與排便環境有關，只有很少數的孩童便秘是有潛在性的疾病。只要飲食改變、行為改變與配合一點藥物治療，大部分都可以解決。

小孩好發便秘有3個時期：❶吃較多副食品的時期、❷正在學習戒尿布時期、❸開始上學校後。每個時期的原因不同，解決方法當然就不同。

1. 嬰兒時期

剛吃副食品的寶寶，尤其一天吃到約150-250克時，就常見到大便開始成形甚至變硬。主要是寶寶腸胃道在由消化奶轉換到消化固體食物時，會有一段過渡期。

過渡期大約在寶寶7-9個月這段時間，特別容易發生便秘，因為是副食品

的量越吃越多，但是寶寶腸胃道消化還沒有完全適應。再加上通常寶寶副食品裡油脂類加的比較少，所以會有硬大便產生，嚴重的時候甚至會肛門黏膜裂開導致血便，讓寶寶大便的時候很痛苦。

建議除了根莖類外，也要加適量的葉菜類如高麗菜、花椰菜、地瓜葉。水果類如香蕉、木瓜、梨子都可以幫助排便。也別忘了要加點油在副食品裡，如牛油、豬油、橄欖油…等。在夏季活動量多又易流汗的寶寶，**如果尿尿明顯變少，也可以補充點開水**，多管齊下幫助寶寶順利「嗯嗯」。

除了一開始提供熱量的米、麥粥外，可以開始給寶寶吃富含膳食纖維食物，包含豆類（紅豆、豌豆、毛豆、皇帝豆、雪蓮子）、根莖類（番薯、南瓜、蘿蔔、蓮藕）與蔬果類（菠菜、莧菜、空心菜、青花菜、香菇）。其次，除了纖維外，4個月以上寶寶也可以喝點果汁，如蘋果汁、梨子汁、黑棗汁，其他種類的果汁則幫助不大。不過喝的量也不能太多以避免影響到奶量，4-8個月寶寶建議一天喝60-120ml，8-12個月寶寶一天不要超過180 ml。

此外，每天攝取足夠的水分也是必須的，例如1歲左右的10公斤寶寶一天水分所需（喝奶、副食品水分、開水）約1000ml，不過超量的水分其實對便秘沒有太大的幫助，而且也很難強迫寶寶喝水，足夠就好。

吳醫師專欄 × Q & A

2. 兩歲以上寶寶

喝牛奶可能會導致便秘，因為**有的寶寶無法忍受牛奶裡的蛋白質，而且過多的牛奶也會減緩腸胃蠕動**，尤其是學齡前兒童。如果便祕很厲害，可以考慮停止牛奶與奶製品兩週，如果便祕改善了，那就表示應該是牛奶為便秘的主因，可以減少牛奶攝取，不過還是得由其他食物來源取得足夠的鈣質與維生素D。

如果便祕是從訓練上廁所後開始才出現的，則可以先暫停訓練，等2-3個月後再重新開始。避免因為心理上的壓力太大而導致便秘。以下介紹幾種小孩便秘的行為療法：

方法❶鼓勵小朋友每天餐後坐馬桶5-10分鐘，一天至少2-3次。

方法❷建立一個獎勵機制。例如有乖乖坐在馬桶上就給一張小貼紙、小糖果、唸故事書、唱歌、玩一個特別的玩具。

方法❸很多小朋友上幼稚園後才開始便秘，可能是覺得學校廁所太髒、覺得不好意思、沒有足夠時間…等各種原因而不去上廁所。家長可以注意一下，如果寒暑假或週末時小朋友大便次數正常，但上學時間大便次數明顯減少，則有可能是不想在學校上廁所而忍住，長期下來也會造成便秘，需要跟小朋友與老師好好溝通了解問題。

排便習慣養成─戒尿布&未來的如廁訓練

戒尿布是小孩發展重要的里程碑，一般2歲多以上的小孩比較容易訓練成功，大多數家長是在夏天的時候練習，因為輕便的衣著穿脫方便，而且就算不小心尿濕衣褲或床墊上，在夏天也比較快乾。廁所訓練包含以下步驟：

預先了解！未來的如廁訓練這樣帶

STEP1 用繪本說故事引導	先一起讀有關寶寶大便的繪本、故事書…等。如《是誰嗯嗯在我的頭上》、《大家來大便》、《超級便、便、便》等，讓孩子覺得大便是一件自然又好玩的事。
STEP2 用話語教小孩表達	教小孩清楚表達上廁所的簡單話語，如「大大」、「噗噗」、「尿尿」、「噓噓」…等。
STEP3 選用多功能式的兒童輔助便座	選一個合適的兒童輔助便座，建議買多功能式，適合幼兒各個階段使用。爸比媽咪可以一起跟小孩裝飾自己的兒童便座，我家老婆就畫了一個開心的馬桶寶寶貼在上面。
STEP4 依據生理時鐘讓小孩習慣如廁時間	讓小孩穿著褲子坐在便盆上看書、說故事，玩玩具。特別是剛起床或吃完飯之後，這些時間點是最容易大便的生理時機。
STEP5 進一步讓小孩實際使用便盆	等小孩熟悉便盆了，再鼓勵寶寶脫掉尿布坐在便盆上。
STEP6 鼓勵小孩表達是不是想上廁所，並在過程中鼓勵引導	鼓勵小孩想大便時主動表達，也要觀察小孩想大便的徵兆，例如扭來扭去或肚子用力。 當小孩坐上便座時盡量讚美他／她。絕對不要威脅或責罵還不想用便盆的小孩，只會得到反效果。相反地，可以使用許多小獎勵技巧，如小貼紙…等。
STEP7 順著他的成長步伐做如廁訓練	請多點耐心，記得每個小孩都是獨特的，不要和別人的小孩比較。如果訓練不理想，乾脆暫停1-2個月後再試。你還是會發現他每天都會有令你驚奇之處的。

吳醫師專欄 × Q & A

Part 2

第一口好重要！
寶寶離乳之後

在寶寶滿4個月後，就可以學習吃母奶和配方奶以外的
食物，在台灣大多稱為「副食品」，在日本則稱為「離
乳食」。在寶寶將主食從奶類逐漸轉移到固體食物的階
段，怎麼銜接與調配食物，在此篇章中，兒科醫師與營
養師將詳細告訴爸比媽咪們。

Part 1

新生兒檢查
1-1

哺乳與餵奶
1-2

Part 2

副食品概念
2-1

調配副食品
2-2

吃副食品後
2-3

Part 3

呼吸道疾病
3-1

消化道疾病
3-2

皮膚疾病
3-3

副食品的基本概念

此時期的不可不知

❶讓寶寶嘗試吃副食品，其實沒有絕對的SOP，但如果比較謹慎的爸媽或是新手爸媽的話，不妨參考「四米五麥六蛋黃、七肉八魚九蛋白」的準則。如果是願意讓孩子多嘗試食物的爸媽，早些吃多元食物，其實能幫助寶寶減少過敏機會的。

❷寶寶4個月後可以吃各種蔬果泥、果汁了，但1歲前不適合吃蜂蜜以及喝鮮奶（但鮮奶可以拿來做副食品的材料使用）。

❸製作副食品時，生熟食務必分開處理，器具的衛生安全是第一重要的。

❹4-6個月寶寶只需練習嘗試吃副食品，量不必多。6個月後的寶寶需要吃多元副食品,可逐漸增加副食品的量，以應付寶寶生長的需求。1歲後，副食品應佔寶寶一半以上的營養來源。

❺餵寶寶吃副食品時，雙方的互動是很重要的，觀察孩子是否餓了、吃不同食物的反應，才能讓爸比媽咪知道怎麼調整副食品喔。此外，吃飯應該是件愉悅的事，千萬不要強迫餵食或讓寶寶餓太久。

寶寶的第一口怎麼吃？

對於即將離乳的寶寶，第一口怎麼餵、如何安排食物給寶寶吃，是許多爸媽都想了解或感到困惑的事，讓兒科醫師告訴你餵副食品的正確觀念與須知。

Part 1

1-1 新生兒檢查

1-2 哺乳與餵奶

Part 2

2-1 副食品概念

2-2 調配副食品

2-3 吃副食品後

Part 3

3-1 呼吸道疾病

3-2 消化道疾病

3-3 皮膚疾病

餵副食品的傳統派新觀念

副食品怎麼吃？其實分成很多種派別，爸比媽咪可以選擇適合自己寶寶的方式。以下介紹的是傳統派的新觀念，適用於大多數的寶寶。所謂的傳統派是指和泥派、Baby Led Weaning派不一樣，而新觀念指的是在過敏預防觀念上的改變。

「四米五麥六蛋黃、七肉八魚九蛋白」是一個表面上看起來很簡單的口訣，但骨子裡其實是融合了很多篇論文的菁華。

4個月

吃10倍粥或米湯、米精

滿4個月大之後可以開始吃副食品，一般人會從10倍粥或米湯先開始，如果家長不排斥的話，其實也可以從市售米精開始。很多人覺得米精不天然，不過就像配方奶也不是天然的一樣，以醫師的角度，米精可以針對這階段所需要的營養做調整，反而更能和奶類營養達到互補。

5個月

吃麵糊

5個月大後可以吃些麵糊，之所以會特別把麥列出來，是因為有些論文指出，太晚接觸麥類食物，以後反而容易過敏。

吃蛋黃

　　滿6個月大時，可以開始吃蛋黃，蛋黃本身有葉黃素和維生素D，可說是嬰兒副食初期的聖品。建議用水煮蛋的方式把蛋白和蛋黃完全分開，再將蛋黃攪拌進其他副食品裡，因為直接吃的話怕會太乾。

7個月

吃雞／豬肉

　　7個月大可以開始吃雞胸肉或豬肉，先從肉泥開始。也有人用魩仔魚開葷，但因為生態的考量，建議及早用其他食物代替。

8個月

吃魚

　　8個月大可以開始吃魚，建議先從巴掌大的魚開始嘗試，因為大型魚位於食物鏈的末端，較容易有重金屬的問題，偶爾吃就好。

Part 1

1-1 新生兒檢查

1-2 哺乳與餵奶

Part 2

2-1 副食品概念

2-2 調配副食品

2-3 吃副食品後

Part 3

3-1 呼吸道疾病

3-2 消化道疾病

3-3 皮膚疾病

9個月

吃蛋白

9個月大就可以吃蛋白了，不必拖到1歲以後，實際上要再更提早一兩個月也行。在2008年以前，多數人認為容易過敏的食物應該晚一點才吃，但後來發現這樣的拖延不但沒預防過敏，反而製造更多過敏，所以2008年以後就不再建議大家延後吃這些東西了。我喜歡用睡美人和花木蘭來當對比，從小沒看過紡錘的睡美人終究還是因為不小心被刺而沉睡，而當戶織的木蘭不僅頭好壯壯，甚至還可以代父從軍呢！

蔬果攝取與飲食禁忌

而蔬菜和水果並沒有特別寫出來列在這個順序上，因為從滿4個月大之後都可以陸續嘗試，從蔬菜泥、水果泥、或自己榨的果汁開始。**副食品質地的基本原則是「由稀到濃，從半固體到固體，從小塊到大塊」，依照寶寶的適應程度往前邁進就好。**

需注意的是，1歲前的食物禁忌是蜂蜜，因為怕蜂蜜藏有肉毒桿菌的芽苞，使用一般家庭的烹調方式是殺不死芽苞的。至於鮮奶，因為它的電解質濃度未經過調整，並不適合嬰兒，

如果在1歲前喝怕會取代掉母乳或配方奶，造成電解質不平衡；但如果只是拿鮮奶來當作副食品的一小部分材料，那就沒什麼關係。

製作副食品前該知道的事

新手爸媽開始練習製作副食品時，常常手忙腳亂，尤其是不常自己開伙的家庭，往往不知道如何下手。以下提供各種副食品的簡單製備流程，讓你秒懂副食製作與調配唷！

製作流程與調配注意

製作流程

STEP1 確實清潔手部

進行任何食物製備前，請用清潔劑先徹底洗淨雙手。

STEP2 食物前處理

a洗淨食材：

用流動的清水洗淨米、蔬食根莖類上的泥土、灰塵，或可利用酵素類的洗菜溶劑稀釋後拿來洗菜。魚、肉類則用清水簡單沖乾淨即可。

b初步處理：

葉片類蔬菜，例如青江菜、高麗菜、菠菜等需去除根部，切段備用。根莖類蔬菜則削皮切小塊，例如：馬鈴薯、南瓜、胡蘿蔔…等。肉塊的前處理可以在購買時就請攤販絞成肉泥，或是回家自己切碎並分包保存備用。

Part 1

1-1 新生兒檢查

1-2 哺乳與餵奶

Part 2

2-1 副食品概念

2-2 調配副食品

2-3 吃副食品後

Part 3

3-1 呼吸道疾病

3-2 消化道疾病

3-3 皮膚疾病

STEP3 開始製備

a穀類：

加水後以小火煮粥，過程中可以不斷加水調整濃稠度，但記得要不斷攪拌，不然很容易糊掉。如果穀類已經煮熟（白飯、糙米飯、小米飯）也可再加水，用電鍋蒸，比較省時省力；不過通常用電鍋蒸出來的粥穀粒較完整不碎，因此初期做副食品也許需要用電動攪拌器再處理過。

b蔬食：

均可以考慮用電鍋蒸或是用水煮，一般根莖類用蒸的比較容易煮軟熟透，葉菜類的蔬菜用滾水汆燙即可。

c魚肉類、豆類製品：

初期食用豆、魚、肉…等食材時，並不需要調味，但是要蒸至全熟才能給寶寶食用。

STEP4 食物後處理

a 煮熟後再攪打：

食物煮熟以後再進行攪打的動作，可以避免太細碎的食物被煮焦了，或是受熱不均勻、加熱不完全而導致食物中毒。

b 攪打完就清洗機器：

攪打不同食物前後皆要清洗攪拌器，避免不同的食物混合，減短保存時限（直接攪打混合粥則不在此限）。

c 趁熱完成所有程序：

食物不需要放涼才攪打，**盡量在食物很熱的時候完成所有製備程序，趁新鮮熱食**，需要製作冰磚的份量也應該先盛出，儘快進入冰箱降溫冷凍，避免細菌在室溫下迅速繁殖增生。

離乳前後如何搭配副食品

4-6個月寶寶只需先練習嘗試吃

　　4-6個月的副食品對寶寶來説是練習與嘗試，母奶或是配方奶已能提供絕大多數的營養給寶寶，因此此時期副食品的設計重點在於「食材多元和軟硬度、濃稠度適中」，主要目標是讓寶寶適應、接受甚至喜歡用成人的方式進食，也就是使用餐具進食，所以不用擔心副食品是不是夠營養，只要是天然新鮮的食材，都可以用來製作副食品，最重要是讓寶寶嚐嚐食物的純粹原味。

6個月後的寶寶需要多元副食

　　6個月以後的寶寶需要的營養素變多，漸漸地母奶和配方奶不再能滿足寶寶全部的需求量，因此這時候希望藉由副食品提供寶寶某些必要的營養，因此食物搭配的重要性就慢慢凸顯了。

　　建議爸媽抓準**澱粉類：蔬菜類：蛋白質為2：1：1**的份量，也就是半碗白稀飯應該加上1/4碗的蔬菜和1/4碗的肉、蛋或是豆腐，煮成1碗粥。如果是用食材冰磚，則可以使用白米磚＋南瓜泥（以上兩種均為澱粉）＋蔬菜磚1個+1顆蛋黃，達成2：1：1的比例，給寶寶均衡的營養。

食物搭配2：1：1範例

範例1	半碗稀飯（2）和1/4碗蔬菜（1）和1/4碗的肉、蛋或是豆腐（1）。
範例2	1顆糙米粥冰磚＋1顆地瓜冰磚（2）和板豆腐1格（1）及1顆蔬菜冰磚（1）。
範例3	山藥泥1匙＋紅豆泥1匙（2）＋白蘿蔔泥1匙（1）和毛豆泥1匙（1）。

Part 1

1-1 新生兒檢查

1-2 哺乳與餵奶

Part 2

2-1 副食品概念

2-2 調配副食品

2-3 吃副食品後

Part 3

3-1 呼吸道疾病

3-2 消化道疾病

3-3 皮膚疾病

食材軟硬度怎拿捏

用湯匙餵食訓練小肌肉

剛開始嘗試副食品的寶寶需要學習吞嚥技巧，因為用湯匙「進食」和「喝奶」會用到的肌肉和協調力是完全不一樣的。因此一定要用湯匙餵食，不然就失去了利用副食品學習進食的意義了。

在寶寶適應的階段，食材軟硬要循序漸進，如果爸媽餵寶寶時能在旁監測，並且適時提供孩子協助，也必須了具備處理緊急狀況的的能力（例如：掏出噎住的食物、嗆到孩子臉部變色時的緊急處理），或許就能讓孩子早點吃食物原態的固體食物。但如果你（妳）是還不太熟練的新手爸媽，會建議還是可從較濃稠的液態食物著手喔！

漸進式嘗試副食品

開始副食品時建議從：米漿質地→果糖糖漿質地→蜂蜜質地→果醬→花生醬→固體，每個階段停留個3-5天，每種食物都嘗試過了差不多的質地之後，就往下一個階段前進，細碎程度也是如法炮製。

其實寶寶的學習能力很快，如果發現卡在某一個階段無法進步，例如老是嗆到、咳嗽、拒食…等，應該先嘗試相同質地但是不同種類的食物，持續超過2週到1個月以上無法進步時，可以帶孩子去看兒科醫生做進一步的發展評估，了解孩子是否有其他相關的吞嚥問題。

從泥狀食物慢慢進階到吃固體食物。

好方便的冰磚製作

製作冰磚一方面是減輕爸媽製備食物的負荷，二方面是針對胃口變化不定的寶寶所設計，加上製作冰磚可以減少食物浪費，因為用電動攪拌器或是果汁機攪打出來的副食品量，有些寶寶通常無法一次吃完，餐餐現做的結果常導致過多的廚餘，浪費也不環保。冰磚製作有兩個大方向：

針對你與寶寶的需求做不同冰磚

類型	製作建議
有時間餐餐自己做副食的爸媽們	可以分開製作每種食物的冰磚，例如：小米粥冰磚、米糊冰磚、胡蘿蔔冰磚、花椰菜冰磚、肉泥磚、高湯冰磚…等。 寶寶要吃副食品時，可以搭配不同冰磚加熱，變化口味和營養素，配色也不同，以增加食材搭配的多元性，適合厭倦副食品、喜歡多變化的寶寶。
時間少，希望高效率做副食的爸媽們	可以考慮將所有要搭配的食材煮成粥後，直接用成品粥做成冰磚，每次要吃的時候拿1-2塊加熱即可。 這種方法只要烹調製備一次，就可以做好一個禮拜的冰磚，省去很多人力和時間，不過也代表寶寶一個禮拜都要吃一樣的食物，就飲食變化性來說是差了一點。

無論是單一食材的冰磚或是成品粥的冰磚，放入冷凍庫均需要加蓋密封，避免味道和細菌汙染。市面上也有售分別加蓋的冰磚盒，冰磚盒的挑選有以下幾個考量：

❶容量：

製作單一食物泥的時候，選擇容量較小的冰磚盒（例如7.5ml、15ml），才不會一次放5種食材加熱完就變成一大碗稀飯了。直接做綜合粥冰磚的話，可以用稍大容量的冰磚盒，例如30-90ml。

❷材質必須耐熱耐冰：

因為食物泥剛做好是熱的，如果材質不好會溶出而汙染食物，耐冰則是確保盒子在冷凍溫度下不會破裂，記得要看清楚標示的溫度極限需要約有-20至120℃的範圍比較理想。

❸盒子需好脫模：

有些冰磚盒材質很硬、沒辦法凹，冰磚做好會拿不出來。

❹是否好清洗：

家裡有洗碗機的爸媽，可能會想用洗碗機清洗冰磚盒，或是材質是否耐熱可以放消毒鍋…等需求也可以考慮進來。另有些冰磚盒上紋路太多，會卡住食物殘渣導致細菌孳生也是一大問題，挑選時要謹慎。

當然，爸媽們也可以餐餐現作副食品而不使用冰磚的方式，但現做就比較需要照護者的時間、精力和家庭環境條件（例如廚房配備…等）能搭配。針對比較沒時間的爸媽們，製作冰磚是簡便的選項，不僅保留了大部分食物的營養素，也節省時間和減少食物浪費喔！

Part 1
新生兒檢查 1-1
哺乳與餵奶 1-2
Part 2
副食品概念 2-1
調配副食品 2-2
吃副食品後 2-3
Part 3
呼吸道疾病 3-1
消化道疾病 3-2
皮膚疾病 3-3

油脂選用與豐富調味

油脂是寶寶飲食中重要的一環，很多爸媽都認為寶寶要吃得清淡，所以食物中一滴油都不加，其實是沒有必要的。母奶和配方奶中的油脂佔了熱量的一半以上，**所以當寶寶開始吃副食品時，也可適度在食物中添加油脂（或是選擇含有油脂的食材），不僅幫助寶寶腦部發育，更潤滑腸道幫助排便，也提供副食品更多元的風味，並且幫助營養素吸收。**

7個月後的寶寶副食可添加油脂

添加多少油脂對寶寶來說才足夠呢？離乳期4-6個月的寶寶不用特別添加油脂（這時候的奶量通常不會下降太多）；但7個月開始，可以在煮粥前將配料稍微少油炒過，增添香氣，再搭配米粥攪打。炒食材的油脂可以選擇玉米油、大豆油、芥花籽油…等較耐熱的種類，如果是在粥品完成後再加入油脂的話，可以使用1-3滴的苦茶油、初榨橄欖油…等富含香氣的油脂，同時為食物增加潤滑度。

用天然食材豐富副食品口味

除了油脂可以增添食物香氣，許多食材也有獨特的味道，能讓寶寶副食更美味。例如：洋蔥、蒜、蔥、薑、胡蘿蔔…等，都是很好的選擇，另外蛋白質類的食物像是肉類、魚類海鮮等，也都各有其風味，只要多發揮創意搭配，就可增加副食品的變化。也有爸媽自己熬高湯（也可以做成高湯冰磚），用高湯煮粥的話，副食品更加美味喔！

媽咪問！長輩說用大骨熬湯鈣多多，真的嗎？

較古早的觀念會喜歡熬煮大骨湯的做法，但現今動物飼養和環境汙染的變遷，已經不再適用於寶寶副食品製備了，因為許多動物骨頭中含有重金屬及代謝廢物，均有可能在熬湯過程中釋出，導致過多的重金屬攝取。而傳說中的「大骨湯補鈣」一說也已經在現今高科技的檢測下現出原形：骨頭高湯中的鈣質含量微乎其微，所以請爸媽製作高湯以蔬菜為主就好。

外出時的副食品準備

需要出門在外的時候，寶寶的副食品總是讓人頭痛，有些爸媽會準備寶寶副食的罐頭或是調理包，都是可以的選項。大部分罐頭或是調理包不需要太多額外的化學物質就能在室溫下長久保存（因為滅菌技術的提升），因此除了有某些營養素可能會因為高溫滅菌過程受到損傷，大部分營養素均能保留完整，被破壞的營養素也會在事後添加回去，所以多數的調理包和即食副食品都算安全。不過有許多

爸媽仍然希望可以讓寶寶吃自己親手做的食物，以下依兩種「出門時間長短的型態」給爸媽一些外出準備帶副食品的建議。

❶當天來回：做好的食物泥可以放在保溫罐裡，出門3-5小時內食用即可。記得如果出門時間長，寶寶會吃兩餐的話，要分開兩個保溫罐，才不會吃一半剩下來沾了口水的食物在保溫罐裡繼續孳生細菌，導致食物腐壞唷。

❷外宿旅行：使用冷凍粥或食物冰磚，依照每餐搭配放入乾淨的夾鏈袋（可以耐熱耐冷的夾鏈袋最理想）中，並且標示清楚，加上保冰劑以減緩失溫速度。買冰淇淋或是冷凍食物的運送包裝內含的冰保，可以留下來這時候使用，一起放在保冰袋中。寶寶要吃的時候，請飯店或是餐廳幫忙加熱，如果夾鏈袋可以耐熱的話，就可直接加熱整個袋子，如果夾鏈袋不耐熱，則把食物裝在碗裡再加熱。

Part 1
新生兒檢查 1-1
哺乳與餵奶 1-2
Part 2
副食品概念 2-1
調配副食品 2-2
吃副食品後 2-3
Part 3
呼吸道疾病 3-1
消化道疾病 3-2
皮膚疾病 3-3

此時期的不可不知

❶開始餵副食品後，4-6個月大的寶寶一天大約吃5餐，而6-8個月大的寶寶一天可吃2-3次的副食品，讓喝奶次數自然減少。

❷餵寶寶副食品時，依據他（她）的需求做互動，而不是一昧要寶寶吃完全部。建議使用不同食材做烹調替換，讓孩子可多方嘗試不同味道，一來讓營養均衡，二來讓營養吸收率更佳。

❸為了讓寶寶副食品的製作更安心，請參照P123-124的食物衛生處理原則。

Part 1
1-1 新生兒檢查
1-2 哺乳與餵奶

Part 2
2-1 副食品概念
2-2 調配副食品
2-3 吃副食品後

Part 3
3-1 呼吸道疾病
3-2 消化道疾病
3-3 皮膚疾病

輕鬆餵副食品的訣竅須知

離乳之後、進入嘗試吃食物的時期，代表寶寶又更成長了一點！開始餵副食後的疑難雜症、營養安排、循序漸進的調配方式全蒐整給你知。

一天餵幾次副食品呢？

4個月內的寶寶1天喝奶需求平均為5次，而進入副食品時期後，一天總進食餐數還是應該保持為5次，所謂的餐數包含奶、奶加副食品、副食品。例如4-6個月剛開始接觸副食品的寶寶，一天仍然喝4次奶、另一次是幾口副食品再加奶。等到6-8個月大時胃口大開，越來越喜歡吃副食品，副食品一天可以增加到2-3次，1歲時可以吃到3次主餐與2次點心（如1片水果或塗抹果醬的麵包）。

餵食次數、食物內熱量密度和吃進去的量多少有關，如果食物太稀或吃得太少則要增加餵食次數。例如食物平均熱量只有0.6卡／克則一天要餵到5-6餐，若有達到0.8卡／克則4餐即可，當濃度接近1.0卡／克時，甚至只要三餐。

觀察寶寶的餓與不餓

但實際上我們不可能去測量或預估每餐副食品的熱量（哪個全職媽咪或爸比有那麼多美國時間？），而且每個寶寶所需的熱量不同。所以重點不是一餐到底吃進去多少的熱量或每天吃幾餐，**而應該是注意「寶寶飢餓與飽足的表現」，再決定餵的次數與總量**（請見P.120的「有愛的回應式餵食法」）。

119

奶量該如何調整？

我們已經知道了每個時期寶寶所需的熱量，而開始吃副食品後，因為副食品也有提供熱量來源，所以奶量佔總熱量的比例就應該漸漸減少。例如5個月大6公斤的寶寶，每天需要熱量為6X100=600大卡，約等於900ml的配方奶。若一天下來吃副食品的量有達到1碗稠稀飯（200大卡），則奶量可以下降成400大卡=600 ml。

餵食的重點還是一樣，由於我們無法精確知道每次寶寶吃進去副食品的熱量，所以喝奶的量還是讓寶寶自己控制會比較好。

5個月大6公斤的寶寶所需：

600大卡= 900ml配方奶= 600ml配方奶（400大卡）+ 1碗稠稀飯（200大卡）

10個月大9公斤的寶寶所需：

810大卡=1215 ml配方奶=760 ml配方奶（510大卡）+ 1.5碗稠稀飯（300大卡）

一次該餵寶寶多少量？

小鳥胃Ｖ.Ｓ大胃王

所謂的「功能性胃容量」，也就是每餐進食量約每公斤30克。例如6公斤寶寶一餐可能可以吃到6Ｘ30＝180克。而8公斤寶寶一餐可以吃8X30＝240克。不過，這都只是參考的量，別以為每個寶寶每次都能吃到這麼多！有的寶寶就是怎麼餵都沒興趣的「三口組」，所以還是**讓寶寶自己決定這一餐願意吃多少吧**。

有愛的回應式餵食法

依寶寶的需求餵食

回應式餵食（Responsive Feeding）指的是依寶寶饑餓的徵兆及進食能力做回應，不強迫寶寶一定要吃完全部的食物，以鼓勵與幫助來餵寶寶，反而效果可能更佳。以下有幾個小訣竅提醒爸比媽咪們：

訣竅❶：直接餵寶寶以及幫助較大嬰兒自己進食，並注意他們飢餓與飽足的徵兆。

訣竅❷：慢慢有耐心地餵食，鼓勵寶寶，不要強迫。

訣竅❸：如果寶寶拒吃許多食物，需改為嘗試不同食物組合、口味以及鼓勵方式。

訣竅❹：減少吃飯時的外在影響因素及吸引力。

訣竅❺：餵寶寶吃副食品不是一件工作，是寶寶學習與愛的時光，可以跟寶寶聊聊天，看著寶寶的眼睛，還有記得放下手中的手機。

許多研究顯示，家長採取主動餵食方式會對小孩生長、發展都有正面的影響喔。

食物濃度怎麼調整？

依寶寶年齡改變食物形態並增加多樣性

隨著寶寶年紀增加，要漸漸由一開始如10倍粥的流質食物，慢慢增加濃度變成半固體，最後至固體食物。除了增加食物的黏稠度外，也要同時增加食物的多樣性。大於8個月的寶寶可以開始吃「手指食物」，如吐司、嬰兒餅乾、紅蘿蔔、瓜類水果、小塊肉類…等。

若是1歲以上的小孩，已經可以和大人一起進食相同食物了，但要小心嗆到（如整顆花生、堅果、葡萄、生蘿蔔）。如果餵食不適當黏稠度的食物，孩童可能會吃得很少或吃得很慢。研究顯示10個月後才餵食大顆顆粒的副食品的話，反而會增加日後餵食困難機會，所以不要省一時方便，就一直餵很稀的食物。

Part 1

1-1 新生兒檢查

1-2 哺乳與餵奶

Part 2

2-1 副食品概念

2-2 調配副食品

2-3 吃副食品後

Part 3

3-1 呼吸道疾病

3-2 消化道疾病

3-3 皮膚疾病

另一種含硫胺基酸，最好穀類與豆類在同一餐一起吃，這樣胺基酸吸收才能均衡。

第二，能幫助營養更好吸收。例如含鐵食物如蛋黃與深色蔬菜，人體吸收這些食物的鐵質比較不容易，但如果同時吃富含維他命C水果像芒果、橘子，就可以幫助鐵質的吸收。

如何拿捏營養均衡？

單一食物 V.S多種食物一起吃

多種食物一起吃、種類多樣性對寶寶營養最好，也就是每餐裡最好要有提供熱量的穀類、富含纖維與維生素的蔬菜水果類、提供蛋白質與脂肪的肉與蛋類。

那麼，為什麼多種食物混著一起吃才最好呢？

第一，因為這樣能補足彼此的不足。例如植物性蛋白質中，穀類缺乏某種胺基酸（Lysine），而豆類缺乏

寶寶不吃時，該怎麼辦？

餵食寶寶6口訣

❶瞞天過海：

若寶寶有挑食行為，可以先把所有食物混在一起，減少特定食物的味道，大長今就是用這招騙太后娘娘吃蒜頭的。

❷聲東擊西：

可以玩假裝遊戲增加進食樂趣，如把湯匙當成飛機飛進嘴巴跑道或當火車開進嘴巴山洞裡，讓寶寶忘記自己在吃飯，以為在玩遊戲。

❸欲擒故縱：

　　拿開食物一段時間之後再試試，所謂吃不到的最香，小別勝新歡。

❹乾坤大挪移：

　　換人煮煮看！有可能爸比當主廚煮出來的蘿蔔泥特別好吃。

❺自食其力：

　　餵食8個月大後的寶寶，可以準備一些食物讓寶寶可以自己拿著吃，增加寶寶吃的興趣。

❻走為上計：

　　若寶寶一直不吃可能就是討厭這種食物，也許真的該換別種食物了。

怎麼處理食物才安全衛生？

　　「寶寶怎麼這幾天突然拉肚子了，難道是副食品不乾淨？」

　　寶寶拉肚子的最主因是食物裡有細菌，寶寶吃進去後導致腸胃發炎，輕則拉幾次肚子，重則上吐下瀉發燒脫水、需要住院打點滴治療。腸胃炎最好發的年紀為6-12個月大，只要注意以下幾點，就可以避免食物受到細菌汙染，讓寶寶遠離腸胃炎痛苦。

安全處理寶寶食物6技巧

❶食材器具&烹調者要維持乾淨：

　　家長煮飯前、寶寶進食前都要用肥皂洗手，並保持食物處理檯面與器具的乾淨。

❷處理生鮮和蔬果的器具要分開：

　　處理肉類、海鮮與其他食物要用不同的刀具、砧板與盤子。例如處理豬肉與蘋果的刀子與砧板要分開。

Part 1

1-1 新生兒檢查

1-2 哺乳與餵奶

Part 2

2-1 副食品概念

2-2 調配副食品

2-3 吃副食品後

Part 3

3-1 呼吸道疾病

3-2 消化道疾病

3-3 皮膚疾病

❸食材要完全煮熟才無菌：

　　特別是肉類要全熟，煮湯或燉飯至少70度以上。如果平時沒有準備煮飯用溫度計，建議可以看食物的變化，例如家禽肉要煮到清澈汁液且內部無粉紅色、煮蛋與海鮮要煮到冒煙、煮湯類或燉飯至少要滾1分鐘，這樣才能確保殺死細菌。

❹使用乾淨的水做烹調。

❺所有的食物保存在安全溫度（＜5度與＞60度）：

　　<5度與>60度是細菌比較無法增長的安全溫度，所以不要把煮過的食物

放常溫超過2小時，超過之後細菌量會大增。所以將食物放進冰箱是個好方法，因為溫度<5度可以使細菌增長變慢，**但請記得細菌還是會孳長，所以也不要冷藏太久。**上菜前保持食物溫度60度以上（冒煙狀態）。

❻不要把副食品加入奶瓶中

　　會增加奶瓶內大腸桿菌的量。

1-2歲小孩有不能吃的特定食物嗎？

1歲以內有兩不：

❶不要吃蜂蜜，避免肉毒桿菌感染。

❷不要喝鮮奶，因為鐵質含量低，而且可能會引起微量腸胃道出血，還可能導致高蛋白質與高電解質腎負擔。

2歲以內：

　　不要喝脫脂奶粉，因為沒有必需脂肪酸、缺乏脂溶性維他命、另有較高的蛋白質會造成腎臟負擔。

Part 1

新生兒檢查 1-1

哺乳與餵奶 1-2

Part 2

副食品概念 2-1

調配副食品 2-2

吃副食品後 2-3

Part 3

呼吸道疾病 3-1

消化道疾病 3-2

皮膚疾病 3-3

吃素的寶寶需要注意什麼呢？

鐵、鋅、鈣與維生素B12需補足

如果副食品裡沒有足夠的肉類，則寶寶易缺乏鐵、鋅、鈣與維生素B12。世界衛生組織建議6-12個月大的寶寶每天需要8-12mg的鐵，12-24個月大的的寶寶則為每天5-7mg。因為食品工業的發達，寶寶食物都已添加鐵質在裡面了，例如配方奶與寶寶米精、麥精。吃含鐵質植物時，要合併維生素C的食材一起混著吃幫助吸收，也可以考慮額外補充鐵劑。

至於吃素寶寶還可能會缺乏鋅、鈣與維生素B12，可以每天由維生素滴劑來補充。為了確保蛋白質足夠，每天也要吃穀物與豆類，而且最好同一餐一起吃。

寶寶1天吃1顆蛋會太多嗎？

世界衛生組織建議寶寶可以1天吃1顆蛋（50克）與14-75克的肉類。這樣可以達到每天足夠的鐵質與鋅需求量。還有，1顆蛋是指雞蛋，不是超大鴕鳥蛋。此外，這裡再加強補充一下餵寶寶的小方法：

❶不要催促寶寶吃

餵寶寶時，不要催促寶寶進食，有時寶寶會吃一下，玩一下，再吃一下，要有耐心。

❷進食應該是開心的

進食時間可以同時教寶寶認知學習，如食物大小、顏色、名字…等。

❸不要強迫餵食

強迫餵食會讓寶寶感到壓力與降低食慾。

❹別讓寶寶餓太久

一發現寶寶餓了，不要拖太久再餵食，寶寶等太久會生氣與食慾下降．

4-6個月寶寶副食嘗試期

這個階段的寶寶吃副食主要是開始認識食物和慢慢調整進食吞嚥的方式，吃多吃少不重要，重點是多樣化，所以只要堅守「用湯匙餵食」的原則，其他不需要有太大的壓力喔！

＊基本配備→電鍋、食物處理機（或是電動攪拌器、果汁機…等）。

烹調時間：30分鐘

糙米（白米）粥

食材
糙米（或白米）1湯匙
飲用水（開水）10湯匙

調味料
鹽1/4小匙、油1小匙

作法
1 將生米加水置於小鍋中，用小火燉煮，邊煮邊攪拌。

2 煮粥過程中，視黏稠度和情況可多加水分，至米飯軟爛即可關火。

3 把粥倒入深碗中，用攪拌器攪打成糊狀。

營養師小叮嚀

❶ 若用白飯和電鍋煮粥可縮短料理時間，1匙白飯對9匙的飲用水一起蒸熟，即成10倍粥。

❷ 寶寶前幾次嘗試一定吃不完，慢慢增加即可。

❸ 多煮的粥可放入製冰盒中，封好放冰箱冷凍，做成冰磚，需要食用時再放電鍋加熱。

❹ 可視情況多加入水分，調整適當黏稠度。

10倍粥

Part 1

1-1 新生兒檢查

1-2 哺乳與餵奶

Part 2

2-1 副食品概念

2-2 調配副食品

2-3 吃副食品後

Part 3

3-1 呼吸道疾病

3-2 消化道疾病

3-3 皮膚疾病

烹調時間：20分鐘

紅蘿蔔泥

食材

紅蘿蔔1小塊

飲用水少許

作法

1 紅蘿蔔洗淨並削皮後切小丁，加入少許飲用水，入電鍋。

2 外鍋加半杯水，蒸至電鍋開關跳起。

3 將紅蘿蔔和蒸紅蘿蔔的水一起用食物調理機攪打，必要時可增加飲用水調整稠度。

營養師小叮嚀

❶ 豐富的 β-胡蘿蔔素和淡淡的甜味，會讓寶寶比較愛吃，同時也幫助加強免疫力和眼睛發育喔。

❷ 一開始蒸紅蘿蔔的水不用太多，覆蓋過紅蘿蔔即可。

❸ 紅蘿蔔也可切小丁，再水煮至軟爛後壓泥攪打，不過用蒸的較能完整保留營養素。

Part 1

新生兒檢查 1-1

哺乳與餵奶 1-2

Part 2

副食品概念 2-1

調配副食品 2-2

吃副食品後 2-3

Part 3

呼吸道疾病 3-1

消化道疾病 3-2

皮膚疾病 3-3

綠花椰菜泥

食材
綠花椰菜1朵
飲用水少許

作法
1 用流動清水洗淨綠花椰菜後，切成方便煮熟的
小樹。可用削皮刀去除較粗硬的莖，留下細嫩的
部分。
2 備一滾水鍋，先放入莖的部分，30秒後再放入
花葉的部分，煮3分鐘後撈起。
3 加入適量剛才煮花椰菜的的水，用食物調理機
一起攪打。

營養師小叮嚀

❶ 綠花椰菜是豐富鐵質和鈣質的來源，非常適合4-6個月的寶寶補充營養。

❷ 青花菜較粗硬的莖不用丟棄，用削皮刀去除硬皮並留下細嫩的部分；或做成涼拌菜，
爸媽自己吃也可以。

❸ 綠色葉菜類用蒸的比較容易變黃，顏色不好看；建議用滾水短時間汆燙，可減少營養
素破壞，不在意顏色的爸媽還是可以選擇用蒸的，營養素保留能更完整。

Part 1

新生兒檢查
1-1

哺乳與餵奶
1-2

Part 2

副食品概念
2-1

調配副食品
2-2

吃副食品後
2-3

Part 3

呼吸道疾病
3-1

消化道疾病
3-2

皮膚疾病
3-3

烹調時間：20分鐘

南瓜馬鈴薯泥

食材
馬鈴薯1/4顆
南瓜1片

作法
1南瓜和馬鈴薯分別洗淨去皮切小丁，加入少許飲用水，放入電鍋。
2外鍋加半杯水，蒸至電鍋開關跳起。
3將食材和蒸過的水一起用食物調理機攪打，必要時可增加飲用水調整稠度。

營養師小叮嚀

❶ 此時期正在發育眼睛的寶寶，特別需要南瓜中豐富的β-胡蘿蔔素，它淡淡的甜味搭上綿密的馬鈴薯泥，是寶寶最好的天然點心。

❷ 南瓜和馬鈴薯都是根莖類，用蒸的可以保留較多營養素，也比較容易軟，水分只要蓋過食材即可。

Part 1

新生兒檢查 1-1

哺乳與餵奶 1-2

Part 2

副食品概念 2-1

調配副食品 2-2

吃副食品後 2-3

Part 3

呼吸道疾病 3-1

消化道疾病 3-2

皮膚疾病 3-3

6-9個月寶寶副食再進階

隨著寶寶的發展，可以接受的副食品變化也變多了，這時候應該多利用鐵質和含有維生素D豐富的食材，幫助寶寶攝取完整的營養素。

＊基本配備→電鍋、食物處理機（或是電動攪拌器、果汁機…等）。

 烹調時間：30分鐘

菠菜豬肉蛋黃粥

食材
熟蛋黃1顆
生菠菜1/4碗
白飯1/4碗
豬絞肉（里肌）10元硬幣大小

作法
1 菠菜洗淨後去除黃葉和根部，切細碎。
2 將豬絞肉蒸熟，蛋黃壓碎，備用。
3 煮一小鍋水加入白飯攪拌，待白飯糊化後加入菠菜和絞肉，趁熱放進食物處理機攪打，最後拌入蛋黃碎即可。

營養師小叮嚀

❶ 菠菜富含鐵質和葉黃素，幫助寶寶維持眼睛明亮，同時補充漸漸提高的鐵質需求，蛋黃中的維生素D更可以促進骨骼健康發展。

❷ 亦可用生雞蛋烹調，先去除蛋白後就直接倒入煮好的粥裡，用小火攪拌至全熟。

❸ 滿6個月才剛開始吃副食品的寶寶，可以不用立刻加豬肉，7-8個月以後再加。

Part 1

1-1 新生兒檢查

1-2 哺乳與餵奶

Part 2

2-1 副食品概念

2-2 調配副食品

2-3 吃副食品後

Part 3

3-1 呼吸道疾病

3-2 消化道疾病

3-3 皮膚疾病

蔬菜香菇小米糊

食材
高麗菜葉 1片
紅蘿蔔 1小段
乾香菇 1朵
洋蔥 2片
小米 25克
玉米胚芽（碎玉米）10克
紅蘿蔔 20克

作法
1 小米洗淨、玉米胚芽不用洗，直接泡少許清水備用。

2 在小湯鍋中加1碗水，待水滾後加入小米攪拌約3分鐘，加入玉米胚芽，以中小火繼續煮30分鐘。

3 用熱水泡開乾香菇；紅蘿蔔、洋蔥洗淨去皮，並用流動的水洗淨高麗菜。

4 將香菇、紅蘿蔔、洋蔥、高麗菜切細碎。

5 把細碎的料加入鍋中續煮約5分鐘後關火。

營養師小叮嚀

❶ 乾香菇是少數植物中含有維生素D的食物喔，可讓此時期寶寶食用。

❷ 由於不適宜用鹽巴、醬油調味副食品，因此可以多利用洋蔥、番茄、青蔥…等有特殊香氣的蔬菜增加食物風味。

❸ 小米粥比較費時，建議一次煮多一點做成冰磚，下一餐直接和食物泥磚放進電鍋加熱即可。

❹ 蔬菜料不夠細碎的話，可以煮好粥之後再用食物處理機攪打。

Part 1

新生兒檢查
1-1

哺乳與餵奶
1-2

Part 2

副食品概念
2-1

調配副食品
2-2

吃副食品後
2-3

Part 3

呼吸道疾病
3-1

消化道疾病
3-2

皮膚疾病
3-3

綠豆仁梨子泥

食材
水梨1/4顆
綠豆仁1/4碗

作法
1水梨洗淨削皮並切小塊。
2綠豆仁洗淨加水，和水梨一起入電鍋蒸軟（外鍋半杯水）。
3以上所有食材全加在一起，用食物處理機攪打成泥。

營養師小叮嚀
❶ 用電鍋蒸水梨，能使其變得更軟也不易變色，它的清淡甜味寶寶更易入口，是一道能幫助寶寶舒緩便秘的好點心。
❷ 也可以加入母奶或是配方奶，做成水梨綠豆仁奶昔。
❸ 水梨越靠近中心的部分越酸澀，可以避免使用。

Part 1
新生兒檢查 1-1
哺乳與餵奶 1-2
Part 2
副食品概念 2-1
調配副食品 2-2
吃副食品後 2-3
Part 3
呼吸道疾病 3-1
消化道疾病 3-2
皮膚疾病 3-3

烹調時間：20分鐘

蔬菜泥蒸蛋

食材
雞蛋1顆
青江菜半棵
紅蘿蔔半個（小型）
母奶或是配方奶30ml（可省略）

作法
1 將青江菜洗淨，放入滾水鍋中煮汆燙至熟，切細碎。

2 雞蛋洗淨後打成蛋液，先用濾網過濾，再加入飲用水30ml（沒吃過全蛋的寶寶可以改用蛋黃加30ml母奶或是配方奶）

3 紅蘿蔔洗淨削皮切丁，和蛋液分別放入電鍋中蒸5分鐘之後，將電鍋蓋斜開再蒸3分鐘。

4 將蒸熟的紅蘿蔔壓碎至泥狀、或加水用食物處理機攪打，和青江菜泥一起置於蒸蛋上作調味及裝飾。

營養師小叮嚀

❶ 上面的蔬菜可以是任何根莖類或蔬菜的冰磚，亦可換成水果泥，甜甜的做成點心。

❷ 蒸蛋前，可適量添加30-50ml母奶，或是用配方奶和水，增加適口度。

❸ 為了避免水蒸氣讓蒸蛋表面產生孔洞，可以在鍋蓋下面卡一隻筷子，讓電鍋蓋露出一個小縫，幫助水蒸氣發散，蒸蛋表面就不會有小洞了。

Part 1

新生兒檢查
1-1

哺乳與餵奶
1-2

Part 2

副食品概念
2-1

調配副食品
2-2

吃副食品後
2-3

Part 3

呼吸道疾病
3-1

消化道疾病
3-2

皮膚疾病
3-3

蘋果山藥泥

食材
蘋果1/4顆
山藥1/4碗（切片）

作法
1將蘋果和山藥洗淨削皮，切成小塊。
2用不同碗盛裝山藥和蘋果，放入電鍋，外鍋加半杯水蒸至電鍋開關跳起。
3拿出蘋果，讓山藥再蒸第2次。
4將兩項食材加在一起，倒入適量飲用水，用食物處理器攪打至適口稠度。

營養師小叮嚀

❶ 山藥中的黏液含有許多消化酵素、黏多醣…等，有幫助腸胃黏膜的修復和促進消化功能、增加免疫力，搭配蘋果增加甜味，讓寶寶更喜歡。

❷ 山藥的黏液很會吸水，所以攪打的時候要多加點水。

Part 1

新生兒檢查
1-1

哺乳與餵奶
1-2

Part 2

副食品概念
2-1

調配副食品
2-2

吃副食品後
2-3

Part 3

呼吸道疾病
3-1

消化道疾病
3-2

皮膚疾病
3-3

9-12個月寶寶主副食轉換

爸比媽咪開始幫好奇心旺盛的寶貝準備些健康的「手指食物」吧！寶寶自己動手，建立「吃的樂趣」。吃飯前，先鋪個容易清潔的地墊，讓寶寶開始愛上他的每一餐！

＊基本配備→電鍋、食物處理機（或是電動攪拌器、果汁機…等）。

烹調時間：30分鐘

鮮魚蔬菜粥

食材
鯛魚片1片（約三指寬）
白飯1/4碗
青蔥、薑末少許
青江菜半棵
紅蘿蔔少許

作法
1 將青江菜洗淨並切細碎，備用。
2 鯛魚片洗淨，同樣切細碎，並用蔥末和薑末抹一下魚身表面提味。
3 取一小湯鍋，放入白飯加水煮成粥，加入青江菜末和紅蘿蔔，熟透後加入鯛魚肉末。
4 確定魚肉熟透後即可關火。

營養師小叮嚀

❶ 魚肉有豐富的omega-3脂肪酸，讓寶寶頭好壯壯、顧眼睛、少生病；而且魚肉鬆軟好消化好吞嚥，是很棒的蛋白質來源。

❷ 因為大骨湯裡面鈣質並不多，而且常有重金屬殘留的疑慮，建議避免大骨高湯；可以使用自己熬煮的蔬菜高湯煮粥，味道會更好。

Part 1

新生兒檢查 1-1

哺乳與餵奶 1-2

Part 2

副食品概念 2-1

調配副食品 2-2

吃副食品後 2-3

Part 3

呼吸道疾病 3-1

消化道疾病 3-2

皮膚疾病 3-3

烹調時間：30分鐘

地瓜煎餅

食材
地瓜半碗
麵粉2/3碗
水1/4碗（也可使用母奶、配方奶）
雞蛋1顆
初榨橄欖油少許

作法
1 將地瓜洗淨並切小塊，放入電鍋蒸熟後，壓成泥備用。
2 取一中碗，加入麵粉、蛋液、水、地瓜泥拌勻。
3 加熱平底鍋，倒入少許橄欖油，將麵糊慢慢少量分次倒入鍋中，做成直徑3-5公分的小圓餅狀，以小火煎至金黃後翻面。
4 待兩面煎成金黃色後，即可起鍋。

營養師小叮嚀
❶ 這道自製的小點心可以減少寶寶吃到加工米餅、煎餅的機會，而且製作方法簡單又營養豐富。
❷ 地瓜也可改成寶寶平常不愛吃的食材，例如花椰菜、紅蘿蔔…等，用煎餅的方式幫助寶寶攝取均衡營養。

Part 1

1-1 新生兒檢查

1-2 哺乳與餵奶

Part 2

2-1 副食品概念

2-2 調配副食品

2-3 吃副食品後

Part 3

3-1 呼吸道疾病

3-2 消化道疾病

3-3 皮膚疾病

奶香蘑菇玉米濃湯

食材
洋蔥加紅蘿蔔1/4碗
玉米1/4碗
馬鈴薯1/4碗
雞蛋1個
蘑菇3朵
母奶或配方奶適量
蔬菜高湯（或水）適量
橄欖油或苦茶油少許

作法
1 洋蔥、紅蘿蔔、馬鈴薯洗淨，分別去皮切丁；蘑菇洗淨切細碎，備用。
2 加熱平底鍋並倒少許油，放入蘑菇丁拌炒，隨後加入玉米、洋蔥丁、紅蘿蔔丁和馬鈴薯丁，炒到香氣出現。過程中可少量添加蔬菜高湯或水，避免燒焦。
3 起鍋後，用攪拌棒將食材與水打細碎，倒入湯鍋後加水煮成濃湯（煮湯時需不斷攪拌）。
4 雞蛋洗淨並打成蛋液（過敏體質的寶寶可以只用蛋黃），於起鍋前倒入鍋中拌勻至蛋液全熟。
5 最後加入母奶或是配方奶增加香氣。

營養師小叮嚀
❶ 這道湯品常常是寶寶生病食慾下降時出奇制勝的妙招，蘑菇中的植化素包含 β-葡聚糖能幫助寶寶提高免疫力，豐富的B群則可提振代謝能力，而蛋白質更提供必要的營養，是高營養價值的湯品喔。
❷ 拌炒蔬菜時，可少量添加橄欖油或是苦茶油，增加香氣和適口度。

Part 1

新生兒檢查 1-1

哺乳與餵奶 1-2

Part 2

副食品概念 2-1

調配副食品 2-2

吃副食品後 2-3

Part 3

呼吸道疾病 3-1

消化道疾病 3-2

皮膚疾病 3-3

番茄肉醬貝殼麵

食材
貝殼義大利麵1/4碗
大番茄1顆
豬絞肉（里肌）約10元硬幣大小
洋蔥、玉米、綠花椰菜共1/4碗
橄欖油少許

作法
1 將貝殼麵放入滾水鍋中，煮至適口軟硬度（依照寶寶的咀嚼需要），撈起泡冷水備用。
2 洗淨大番茄，在底部劃十字後煮熟去皮，切碎備用。
3 將洋蔥、玉米、綠花椰菜洗淨，分別切細碎。
4 加熱平底鍋，倒入橄欖油後，加入所有蔬菜類食材和碎絞肉拌炒，炒熟後熄火（視情況亦可用食物處理機打成番茄蔬菜肉泥）。
5 最後拌入貝殼麵即可食用。

營養師小叮嚀
❶ 滿10-12個月的寶寶飲食如果能變化多元，就可以引起孩子對於吃飯的興趣，各種孩子不想吃的料都可以加入這道菜中，讓孩子享受抓食的樂趣。
❷ 配料只要包含蔬菜、蛋白質，搭配通心粉、貝殼麵…等主食，就可以達到均衡健康的一餐。

Part 1
新生兒檢查 1-1
哺乳與餵奶 1-2

Part 2
副食品概念 2-1
調配副食品 2-2
吃副食品後 2-3

Part 3
呼吸道疾病 3-1
消化道疾病 3-2
皮膚疾病 3-3

烹調時間：30分鐘

自製米餅

食材
白飯半碗
冷開水少許
橄欖油少許

作法

1 用攪拌機攪打放冷後的白飯，並分次放入冷開水，每放1小湯匙水，就攪打5-10秒，重複動作直到白飯攪打成麻糬的狀態（約30-50秒）。

2 用手或湯匙沾一點橄欖油，取少許米糰並搓成圓球狀。

3 加熱不沾鍋，把米糰放在不沾鍋上，用湯匙壓扁，中火慢慢煎到變得有些酥脆，翻面再煎至金黃即可。

營養師小叮嚀

❶ 市售米餅的鈉含量通常偏高，亦可能含有添加物，不如自製米餅，而且方便變化口味，製作成糙米餅、芝麻米餅…等，爸比媽咪可以學起來，讓寶寶從小遠離加工食品喔。

❷ 自製米餅比較容易受潮軟掉，不要一次做太多，軟掉的米餅可放烤箱裡稍微加熱再吃。

❸ 米餅裡也可加入其他食物泥（地瓜泥、南瓜泥、蔬菜泥…等），增加變化。

Part 1

新生兒檢查
1-1

哺乳與餵奶
1-2

Part 2

副食品概念
2-1

調配副食品
2-2

吃副食品後
2-3

Part 3

呼吸道疾病
3-1

消化道疾病
3-2

皮膚疾病
3-3

吃副食品後的小狀況

此時期的不可不知

5-6個月寶寶怎麼餵：

❶基本上，1週可新增兩種新食材，也可以多搭配不同食材，依據寶寶的耐受程度微調；已嘗試過沒問題的食材，可和新食材一起作多樣化的搭配。。

❷早上10點是比較好的餵食時間，好讓爸媽有整天時間可觀察寶寶對食物的反應。

6-9個月寶寶怎麼餵：

❶滿6個月大後，一天可吃兩次副食品，母乳或配方奶不必急著要減量。只要寶寶願意吃，不管先喝奶再吃副食品，或是吃完副食品再補奶，這些都沒關係。

❷一天可吃1顆蛋，但不用特別餵到1顆以上的量，留點肚子嘗試別的食材會更好。

❸吃副食品後，若開始便秘，可適度添加些油脂幫助潤腸。

9-12個月寶寶怎麼餵：

❶此時期開始，一天可以吃三餐副食品了；在1歲後，寶寶的食物和大人的食物一起準備就好，不必再分開來做。

❷如果體重增加緩慢，可以考慮再增加副食品的量，而奶量通常只會越來越少了。

❸需注意寶寶是否有按時排便，以防便秘；如果便便不易成形，只要不是水瀉，都不用過度擔心喔。

5-6個月寶寶的餵食Q&A

Part 1
1-1 新生兒檢查
1-2 哺乳與餵奶

Part 2
2-1 副食品概念
2-2 調配副食品
2-3 吃副食品後

Part 3
3-1 呼吸道疾病
3-2 消化道疾病
3-3 皮膚疾病

Q 副食品該吃多少？

這時期餵副食品的主要目的，是讓寶寶及早認識各種食物的味道，以拓展味覺上的接受度，因此**重點並不是要吃很多副食品來取代奶類的攝取量，只要寶寶肯吃一些就好了**，不用硬要餵到一定的量，避免造成寶寶對食物留下不好的印象。

Q 副食品該在什麼時間點餵？

一般我們會**建議在早上10點的時間餵**，尤其是初次嘗試的食物，這樣白天才有較長的時間，讓爸比媽咪觀察寶寶對食物的反應。

Q 多久可以添加一種新食材？

1週約可新增兩種新食材（健康手冊上是寫每4到7天新增一樣）。最近還有另一套說法是什麼都加，但什麼都吃一點點就好。這樣一來，有可能一下子就接觸到很多新的食材。就兒科醫師的角度來看，只要不是一次新增很多種容易過敏的食物，並沒有什麼大礙。不過話說回來，傳統逐次新增食材的方式，對於一般爸媽的接受度很高，實行上也不會有太大的困難，還是目前的主流。

Q 如何觀察寶寶對副食品的反應？

對蛋白過敏的寶寶，可能會出現遍布全身的蕁麻疹，大部分的過敏則只是起輕微的紅疹。其他過敏可能出現的症狀還有血絲便，不過比較少見，較常出現在對牛奶蛋白過敏的寶寶身上。一般的過敏可以暫停兩個月後再嘗試看看，較嚴重的過敏或再次出現過敏反應，則建議1歲以後再嘗試。如果是過敏性休克，就要從此敬而遠之了。嘔吐和腹瀉則不一定是因為過敏所引起的，有時可能只是一時不適應而已。

Q 一次可以吃幾種食物？

並沒有特別限制，**已經嘗試過的舊食物都可以再和新食物一起吃，這樣飲食也才比較均衡**。如果是食物泥的話，有的人覺得各種食物還是稍微分開比較好，比較能吃出食物個別的味道，可依據寶寶接受度做調整。

Q 能不能用冰磚來準備副食品？

冰磚對於不能每天每餐煮的爸比媽咪來說很方便，也許營養在儲存過程中會流失掉一些，但也只占極小的比例。有些人會認為隔夜菜不好而反對

冰磚，其實兩者的差別在冰磚並未受過口水的汙染，所以不會有亞硝酸鹽上升的問題。

Q 寶寶可以喝水嗎？

其實寶寶在1歲之前不愛喝水是很正常的，很多家長因為嬰兒不愛喝水而有無謂的煩惱。相反的，也有些家長因為寶寶太愛喝水導致不愛喝奶而煩惱。因此，我比較傾向**不要刻意去教導1歲前的寶寶喝白開水，這樣就可以減少上述這兩種煩惱發生的機會。**

如果還是很想餵寶寶喝水，而寶寶也願意接受，根據我的統計，1歲前大多數寶寶的喝水量在體重每公斤X 30ml以下，例如8公斤的嬰兒喝水量在240ml以下，分次喝是不會有問題的。但必須強調，**如果在1歲前能從奶類或副食品得到水分，才是更理想的作法。**

主要是因為如果1歲前喝太多水，有可能會造成水中毒，尤其是在拉肚子時，光補充水分而沒有補充電解質，可能會造成低血鈉而痙攣。必須要聲明的是，在嬰兒可不可以喝白開水的這個議題上，如果從不同角度出發，就可能會有不同的詮釋方法，總歸一句話：**「要喝可以，別喝太多」。**

有些人會覺得沒有從嬰兒時期就訓練喝白開水，長大以後就不會愛喝水，這其實是多慮了，也可能只是在幫長大後不愛喝水找一個藉口。如果從嬰兒時期就開始訓練喝白開水對愛喝水有幫助，那麼我們大人在嬰兒時期喝了那麼多奶，但現在又有多少人維持每天喝牛奶的習慣呢？所以順其自然就好。

Q 需要補充維生素D嗎？

台灣兒科醫學會在2016年新的嬰兒哺育建議中，建議從新生兒開始每天給予400 IU口服維生素D，**唯一例外的是「有喝已加強維生素D的配方奶喝到1000ml的寶寶，可以不用再補充」。**

Q 需要補充鐵劑嗎？

依照2016年台灣兒科醫學會嬰兒哺育建議，如果滿4個月大還沒開始吃副食品就要補充鐵劑（每天每公斤1mg），**如果開始吃副食品就可以不用補，但最後還是要看寶寶個別的身體狀況來決定，**例如有些早產兒可以提早至1個月大之前就開始補。

6-9個月寶寶的餵食Q&A

Q 副食品該吃多少量？

滿6個月大後，副食品一天可以吃兩次，一次的量可以吃到大人用的碗的1/3到1/2之間，約80ml到125ml左右。當然啦，如果寶寶胃口好、願意多吃也沒關係。

Q 什麼時候副食品可以取代一餐奶？

很多媽咪都會有這個疑問，其實不必刻意去幫寶寶規劃如何減奶，等寶寶副食品吃夠了，自然就會少掉一餐奶了。如果寶寶想先喝一點奶再吃副食品，或是吃完副食品想再喝一點奶，這些也都沒關係。

Q 份量大小餐有關係嗎？

在門診，很多爸媽會像記流水帳般敘述著寶寶從早到晚吃多少，可能一下多，又一下子少。醫生當然不可能把這些都一字不漏打進病歷裡，**我們比較想知道的是寶寶一整天共吃了多少就好**。寶寶在出生的第1個月內較需要規則餵食，大小餐在滿月之後很可能就是一種常態了，不必太擔心。

Q 一天若吃1顆以上的蛋也可以嗎？

原則上，寶寶可以一天吃1顆蛋。以往寶寶膽固醇攝取量的上限是參考大人的標準，但現在美國飲食指南已經取消了膽固醇每日300mg的上限，加上嬰幼兒腦部神經細胞發育本來就需要膽固醇，因此寶寶一天吃1顆蛋是絕對沒問題的。如果爸媽想讓寶寶吃1顆以上的蛋的話，我會建議，**基於食物盡量多樣化攝取的概念，還是留點胃裝別的食物吧！**

Part 1
1-1 新生兒檢查
1-2 哺乳與餵奶
Part 2
2-1 副食品概念
2-2 調配副食品
2-3 吃副食品後
Part 3
3-1 呼吸道疾病
3-2 消化道疾病
3-3 皮膚疾病

Q 還沒長牙也能照常吃副食品嗎？

大部分的寶寶在6個月後才會開始陸續長牙，有的甚至要等到1歲過後才冒出第1顆牙齒。那麼，長不長牙對副食品的咀嚼會有影響嗎？**其實沒長牙一樣可以照著副食品的進展。**和老人不同的是，嬰兒雖然一樣沒有牙齒，但牙齒早已經在牙齦裡蓄勢待發了，不像老人牙掉了以後就沒有了。曾有哺育母乳的媽咪說，如果被咬過，就知道寶寶的牙齦多有力了！

Q 寶寶本來還好，卻突然變得不愛吃副食品怎麼辦？

原因可能有很多種，最常遇到的是吃膩了原本的食物。這時候**除了新增食物的種類，別忘了改變原有副食品的質地，使其慢慢趨近於大人**，例如7倍粥變5倍粥、5倍粥變3倍粥、稀飯變軟飯…等，讓食物更有「嚼勁」和口感。

Q 副食品是不是都不能加鹽巴？

其實是可以的。我們常說嬰兒的腎臟不成熟，所以副食品不能加鹽巴，其實是太小看嬰兒的腎臟在排鹽這方面的能力了。除非蓄意讓嬰兒吃下大量的鹽巴，腎臟才會反應不及。**如果寶寶的胃口好，對副食品的接受度高，當然也不必在副食品裡加鹽巴；但如果寶寶不太愛吃副食品，在加進一點點，甚至幾「顆」鹽巴之後，就達到開胃的效果，整體而言利大於弊的話，就不用太堅持一定要吃到食物的原味了。**

Part 1
1-1 新生兒檢查
1-2 哺乳與餵奶

Part 2
2-1 副食品觀念
2-2 調配副食品
2-3 吃副食品後

Part 3
3-1 呼吸道疾病
3-2 消化道疾病
3-3 皮膚疾病

Q 為什麼吃副食品之後開始有點便秘？

在剛開始吃副食品時，我們通常給的都是一些富含纖維的食物，例如南瓜泥、蔬菜泥…等。相對的，油脂攝取比例下降，結果就是增加了大便的材料，卻缺少潤滑，而使得大便前進到腸道末端時，變得卡卡的。這時候可以在副食品裡面加4-5滴冷壓初榨的橄欖油，改善這種現象。

Q 食物原封不動出現在大便裡，是不是沒代表吸收？

有些食物本來就不好吸收，例如金針菇的暱稱是「明天見」，就連大人吃金針菇都可能在明天的馬桶裡看到。除了食物本身的因素之外，嬰幼兒有時沒有好好咀嚼，加上腸子蠕動快，因此大便裡經常出現玉米、紅蘿蔔、豌豆…等食物，這些情況都不用擔心，還是多多少少有吸收到其中的營養的。

Q 如果寶寶快接近斷奶，怎麼辦？

這是比較極端的情況。有的寶寶副食品吃太好，奶量直線下降，家屬反而要擔心的是萬一斷奶了怎麼辦？基本上，**如果寶寶一天還可以維持400ml以上的奶量，至少在鈣質的攝取上不用擔心**。但如果奶量真的太少，**就得想辦法從副食品裡攝取足夠的鈣質**，含鈣質較多的食物包括芥藍菜、傳統豆腐、南瓜、秋葵、高麗菜…等。之前在診間曾遇過8個月大後就完全不喝奶的個案，可能因為爸媽都是醫護人員，所以在營養上調配得宜，倒是沒出什麼大問題。

9-12個月寶寶的餵食Q&A

Q 這階段一天該吃多少量？

會建議一天吃三餐副食品，在時間上可以慢慢調整至和大人的三餐時間一樣。每次的量約是大人的半碗到一碗，約125-250ml，到1歲後最好能吃到至少180ml以上。

Q 可以讓寶寶吃餅乾嗎？

可以，但要注意一下鈉含量。有些食物吃起來不會很鹹，但鈉含量卻很高。例如有些米餅、米果、仙貝，在過去曾被發現每100克裡面含有超過500mg以上的鈉，有的甚至高達1300mg以上。而1歲前每天鈉含量攝取的建議上限，也不過就是400mg而已，很容易不小心超標。因此建議如果要讓寶寶吃這類食物，盡量從包裝上的標示選擇鈉含量較低的，或是嚴格限制寶寶吃的量。**除此之外，還有起司和麵條，也都可能有極高的鈉含量，在購買給寶寶吃之前應該多做比較**，例如同樣是麵，義大利麵的鈉含量平均來說就比一般麵條低很多。

Q 給寶寶自己手拿食物吃，就是BLW（Baby Led Weaning）嗎？

最近BLW的風氣慢慢吹進台灣，有些人會以為讓寶寶自己拿著吃就是BLW了。事實上，BLW有一套嚴謹的核心概念，如果只是偶爾讓寶寶自己拿著食物吃，那只能稱作「傳統離乳食」再加上「手指食物」而已。我不是BLW的專家（如果在門診跟家長說不要管寶寶吃多少，不要管寶寶怎麼吃，家長應該很難接受），建議如果想要走BLW路線的話，一定要事先研究好BLW的核心概念，並由醫護人員協助監控成長和營養狀況。

Q 為什麼體重都沒什麼增加？

在這個階段，1個月約增加0.4公斤的體重，比剛出生的前幾個月少很多。有些母乳寶寶因為之前一直無限暢飲，所以一開始體重增加很快，但到後來就持平了，如果是這樣情況就沒關係。有些寶寶是因為越來越厭奶，而副食品的量又補不上熱量的缺口，所以體重就上不去了。這時候應該努力想辦法讓寶寶吃更多副食品，因為奶量通常是回不去了。第三種情況是活動量大增，以至於吸收的都幾乎被消耗光了。

Part 1

1-1 新生兒檢查

1-2 哺乳與餵奶

Part 2

2-1 副食品概念

2-2 調配副食品

2-3 吃副食品後

Part 3

3-1 呼吸道疾病

3-2 消化道疾病

3-3 皮膚疾病

Q 要給寶寶吃益生菌嗎？

益生菌在門診的詢問度很高，次數多到我都想轉行賣益生菌了！不過這當然是玩笑話，在實務上，通常兒科醫師會先問家屬想吃益生菌的目的是什麼？如果是希望達到治療的效果，我會建議爸媽先考慮正規的治療，再看看要不要搭配益生菌。因為益生菌最被證實的作用是可以減輕腹瀉，但其他方面的療效就不都那麼明確了。

但如果家屬還是想試看看，或想當作一種對腸胃道的保養，那當然可以囉！因為吃益生菌本身沒什麼壞處，我常會跟病人說益生菌最大的缺點就是「貴」而已！如果吃完覺得有效，那就繼續吃吧，如果長期沒效，那就可以停了。

我的想法是益生菌的臨床研究歸臨床研究，不同的人吃不同的益生菌，效果可能不一樣。而某一種益生菌對某一個人是否有效？實際嘗試以後，所得到的是最直接的結果。最後就要看症狀改善的程度，是否值得你去付出這樣的價格，或是有無更好的替代方案了。

Q 什麼時候才可以吃蝦子或螃蟹？

我的建議是吃過蛋白之後就可以少量嘗試了。如果吃了沒過敏，那就多了一項營養的來源，而且以後對這個食物過敏的機會也比較低。如果吃了以後出現蕁麻疹…等過敏現象，不到過敏性休克那麼嚴重，可以過2個月以上再嘗試看看。但是人對蝦蟹的過敏比較可能維持終身都過敏，不像對蛋過敏或對牛奶蛋白過敏那樣，有較大的機會產生耐受性。另外還有蛤蜊湯也是嬰幼兒喜歡的食物，和蝦蟹一樣都可以補充礦物質鋅，幫助開胃也促進生長發育。

Q 拉肚子的時候該怎麼吃？

其實如果不嚴重，正常吃就可以了。當然啦，太油太甜的東西，或是平常就很少吃的，這時候也要稍微避開，不要刻意去吃。以前拉肚子住院的兒童，常被要求禁食，目的是想讓腸胃休息一下，但後來發現沒有這個必要。換個角度想，腸胃要修復，細胞也要吃點東西才有能量。在門診的病人，嚴重度和住院病人相比，相對偏低，因此更不用刻意去調整飲食。有時調整錯方向，例如少吃副食品而多喝奶，結果反而拉更多。

因為運動飲料同時有電解質、熱量和水分，因此常被拿來在腸胃炎時使用，但這是錯的，錯了一半。為什麼錯呢？因為濃度比例不對。一般而言，運動飲料的鈉離子濃度比口服電解質液低很多，而醣類成分又太高，所以喝了反而可能更拉，想補充電解質則又力有未逮。如果稀釋一半，則電解質濃度又更低，差更遠。

那為什麼喝運動飲料只錯一半呢？因為大多數的拉肚子都還不到需要矯正脫水或補充電解質的程度，所以很多人拉肚子時選擇喝運動飲料，喝了倒也沒事，並在大眾之間口耳相傳。同樣的道理，有研究指出輕微腹瀉，喝一比一稀釋的蘋果汁，癒後不會比口服電解質液差，很可能是因為這些人本來就不一定需要用到口服電解質液，而且蘋果所含的果膠成分本身就有止瀉的作用。

Q 大便一直不成形怎麼辦？

很多大人煩惱寶寶的大便不成形，但身為一個經常要處理嬰幼兒便秘問題的小兒腸胃科醫師，反而覺得大便不要太早成形比較好。嬰幼兒因為飲食型態和大人不同，例如奶類所佔飲食的比例較高，進食的次數較多，可能較常吃餅乾…等，所以相對的大便也比較不成形，這是可以被接受的。

如果大便太早成形，很容易一不小心就變太粗或太硬。有的小孩大便時一覺得痛，就會開始憋便，展開惡性循環，到最後甚至進展到肛裂，就會更用力氣去憋了。**因此只要不是水瀉，2歲前大便不成形都不用擔心；如果大便成形了，當然也不用緊張，只是要更注意寶寶是否有按時排便，小心不要落入便秘的惡性循環就好了。**

Part 1

1-1 新生兒檢查

1-2 哺乳與餵奶

Part 2

2-1 副食品概念

2-2 調配副食品

2-3 吃副食品後

Part 3

3-1 呼吸道疾病

3-2 消化道疾病

3-3 皮膚疾病

Q 什麼時候可以跟著大人一起吃？

基本目標是在1歲後，寶寶能跟著大人的用餐時間一起進食，而且不必另外為他們準備食物，跟大人吃一樣就好，除非是難以咀嚼或容易噎到的食物。不過還是要看大人平常吃什麼，如果大人的飲食都是很健康的類型，那也許可以更早，但如果大人都亂吃，那就另當別論了。

在這階段不必把食物剪很碎，但還是要考量寶寶的吞嚥與咀嚼的協調性，例如有些較長的蔬菜或較大的肉塊，還是可以剪短一點或切小一點，以避免寶寶還沒咀嚼完全就急著吞嚥而哽住。

有時家長會遇到寶寶不愛吃自己的副食品，但其實是寶寶想和大人吃一樣的餐，說不定放膽前進，問題就迎刃而解了。

Q 寶寶的牙齒需要塗氟嗎？

健保提供6歲以下兒童，每年兩次的氟化防齲處理，也就是我們常說的「塗氟」。家長很常問兒科醫師，**寶寶什麼時候可以看牙醫？答案是有長牙就可以去看了！因為看牙醫的目的，除了塗氟之外，還有一些衛教及指導。**很多事情即使爸媽都知道，還是要經過牙醫的反覆提醒，才比較能真的落實。而且最好不要等到已經有蛀牙時才第一次踏進牙科，這樣一來，寶寶對牙醫的第一印象就是很恐怖！很恐怖！很恐怖！

先知道就不慌亂！
帶寶寶第一年的生活 Q&A

家有三個寶貝的吳俊厚醫師，集結他的專業知識與生活經驗，分享給爸比媽咪們很實用、各階段育兒須知，只要用心觀察寶寶成長，每天都會有新發現。

Q 寶寶頭後面怎麼一圈光禿禿的，這麼小就會禿頭嗎？

A 其實這就是台語俗稱的「姑路」，在台灣習俗上要請姑姑買鞋子送給小寶寶，傳說這樣寶寶後腦杓的頭髮才會再長出來。不過沒有姑姑的寶寶怎麼辦？難道一輩子就此一直禿頭下去？

其實「姑路」的原因是3-4個月的寶寶會開始很喜歡轉動自己的頭部觀察四周，但寶寶還不會直立坐，以至於一直平躺著轉頭，自然讓後腦杓頭骨凸起來的部分頭髮會磨掉得比較快。這種情況**等到寶寶6-7個月大比較會坐了，躺著轉頭的時間減少了**，「姑路」的情況自然就消失了。

Q 寶寶會貧血嗎？為什麼國外會建議寶寶吃鐵劑？

A 胎兒在媽媽肚子裡最後的3個月累積了大量的鐵質，出生後純母奶的寶寶到了6個月時，體內的鐵質慢慢會消耗掉，母奶裡的營養成分很高，但鐵質與鈣質是比較低的，6個月後的寶寶如果只喝母奶的話，其實鐵質攝取是不夠的，若是寶寶副食品裡鐵質成分含量不高，則可能會導致缺鐵性貧血，好發年紀為6-12個月大的寶寶。

美國兒科醫學會建議，4個月大純餵母奶寶寶若尚未吃副食品，每天需額外**補充鐵劑1mg／kg／day**，台灣兒科醫學會也是採取同樣建議。富含鐵質的食物有紅肉（牛肉）、豬肝、牡蠣、魚類、芝麻、紫菜、紅豆…等，一般台灣的寶寶通常比較晚才會大量接觸到這類食品，所以可以就診時請您的兒科醫師評估寶寶狀況，是否需要補充鐵劑。至於哺餵配方奶的寶寶就不需額外的鐵劑，因為配方奶裡添加的鐵質就已經足夠了。

Part 1

1-1 新生兒檢查

1-2 哺乳與餵奶

Part 2

2-1 副食品概念

2-2 調配副食品

2-3 吃副食品後

Part 3

3-1 呼吸道疾病

3-2 消化道疾病

3-3 皮膚疾病

Q寶寶4個月大開始，四肢關節處皮膚偶而紅紅的，摸起來粗粗的，是太乾燥嗎？

A 喔，這可能是異位性皮膚炎的表現，最好給小兒科醫師或皮膚科醫師檢查。

過敏體質的寶寶大多從皮膚先顯現出來，1-2歲以上才漸漸表現在呼吸道如鼻子過敏或氣喘。一般3-4個月大的過敏寶寶，會開始在四肢關節與臉頰處出現反覆性而且會癢的濕疹，看起來一片紅紅、摸起來粗粗的很乾糙。四肢當中以腳踝處最常見，其次是膝蓋後方與手肘處。

如果被醫師確定診斷是異位性皮膚炎，除了勤擦嬰兒乳液保濕、居家環境盡量減少常見過敏原外，也建議寶寶早點接觸副食品。沒錯，是建議早點接觸副食品。10-20年前的觀念認為晚點吃副食品比較不會引起過敏，但實際上沒有研究的根據。反而是已有許多國外的研究發現，早點吃副食品能降低食物過敏的機會。而降低皮膚過敏的機會或嚴重度，也有可能降低之後呼吸道過敏機率。所以這個時候的寶寶若四肢皮膚或臉上有反覆濕疹，建議諮詢兒科醫師，希望能早期發現、早期控制。

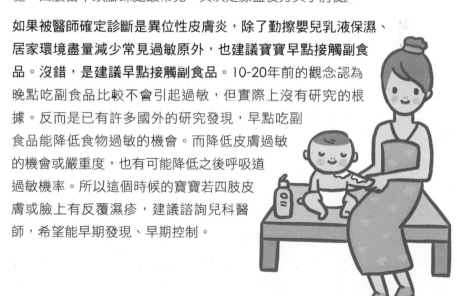

Q 寶寶怎麼看起來好像鬥雞眼？

A 很多6個月以內的寶寶看起來都有點鬥雞眼，主要原因是寶寶兩眼之間距離比較寬、東方人寶寶鼻樑比較塌、眼睛鼻側皮膚比較多而遮住部分眼白有關。**寶寶認真凝視近物時，雙眼看起來比較靠近鼻側，稱為「假性內斜視」。**

等寶寶年紀大一點之後，雙眼距離相對變近，則鬥雞眼現象會自然消失。不過還是得和極少見的內斜視做區分，檢查方式可以用不強的手電筒（不要用LED燈）照寶寶的眼睛，若是雙眼反光點都落在寶寶黑眼球的正中央，則是正常的「假性內斜視」。不過若是「反光點一眼在黑眼球正中央，另一眼反光點落在黑眼球中心點的內側或外側」則是不正常的，則要找專門的兒童眼科醫師檢查，提早發現以避免弱視。

Q 寶寶還沒長牙，是因為缺鈣嗎？長牙後要怎麼清潔呢？

A 一般長第一顆牙的年紀大約在6-9個月大時，由下門牙開始。每個寶寶差異性很大，有的4個月大就開始冒出來，有的快到1歲才開始長。

長牙的時間跟鈣質其實沒有什麼關係，所以不需要盲目地買鈣質來補充。門診經驗告訴我，長牙的時間大部分跟「家族遺傳」有關，有的弟弟跟哥哥一樣4個月就開始長牙，但也有的家族的小孩將近1歲才長。只要是1歲前冒出第一顆牙齒都算是正常的。**建議寶寶開始長牙後，每3-6個月請牙醫師檢查一次，**並塗氟以減少蛀牙機會。目前政府補助寶寶6個月以上直到6歲，每半年請牙醫師免費塗氟。

長牙前口腔清潔是以紗布沾開水擦拭口腔（牙齦、舌頭、兩頰內側黏膜），6個月到1歲半可以用塑膠指套清潔前牙，等到後方臼齒長出來後，就需要改成牙刷並用少量的兒童含氟牙膏（1000ppm）。只要長出相鄰的乳牙，**每天就可以用牙線清潔囉，這是最常被忽略的地方。**還有為了避免奶瓶性齲齒，最好戒掉含著奶瓶睡著的習慣。

Part 1

1-1 新生兒檢查

1-2 哺乳與餵奶

Part 2

2-1 副食品概念

2-2 調配副食品

2-3 吃副食品後

Part 3

3-1 呼吸道疾病

3-2 消化道疾病

3-3 皮膚疾病

Q寶寶竟然自己站起來了，這麼早就會站立會不會變成O型腿啊？

A 其實每個寶寶出生都是O型腿，這是因為寶寶長期窩在子宮的關係，如果想要新生兒沒有O型腿，表示媽媽的肚子得變得超極大，應該沒有哪個媽媽願意吧！？

O型腿大約在2歲左右才會消失，主要原因是寶寶學會站立與走路後，雙腿骨頭長時間承受身體重量自然塑型成直的，所以寶寶早點會站立不會加重O型腿，反而會讓雙腿骨頭直立的更快。早點會站立的寶寶表示腿部肌肉力量發展好，不需要為了擔心寶寶太早站變成O型腿，而一直把寶寶撲倒。

寶寶腿部骨骼發展很特別，有所謂的「腿部鐘擺效應」，0-2歲時多為O型腿，2-4歲時自然變直，但到了4歲左右，反而變成雙膝蓋相碰的X型腿，6-7歲入小學左右又再度變回直的，很奇妙吧？所以只要知道腿部發育的正常過程，就不要擔心啦！

167

Q什麼時候可以使用學步車？

A 建議什麼時候都不要使用學步車，主要理由是因為不安全。在國外的統計研究發現，學步車可移動的速度太快，平均1秒能移動1公尺，這樣的速度遠超過正常寶寶自然的移動能力，所以常常有學步車相關的意外傷害發生，如跌落樓梯、溺水、燙傷、誤食（拿到高處物品）…等，而且大部分意外的案例都有大人在旁邊，但來不及阻止意外的發生。美國一年大約有8800個寶寶因為學步車意外嚴重到需要送急診就醫，一年內因學步車受傷含不須緊急處理的輕傷總人數預估為8-9萬人左右。

我在門診詢問家屬使用學步車的原因，大部分都是因為這樣小寶寶比較看起來比較開心，而且能自己移動，不需要大人一直抱或在旁邊陪著，照顧者比較能做其他的家事，竟然很少人是為了「學步」而使用學步車。那到底學步車會不會加快寶寶學習走路的進度呢？研究告訴我們的答案是「不會」，甚至有篇研究顯示使用學步車會影響寶寶正常肢體甚至心智的發展。所以，還是把買學步車的錢省下來吧。

Part 1
1-1 新生兒檢查
1-2 哺乳與餵奶
Part 2
2-1 副食品概念
2-2 調配副食品
2-3 吃副食品後
Part 3
3-1 呼吸道疾病
3-2 消化道疾病
3-3 皮膚疾病

Q寶寶沒爬多久，就會扶著走路了，怎麼辦？聽說多爬的寶寶比較聰明？

A 翻身、坐、爬、站立、走路都是寶寶重要發展的里程碑，而且彼此息息相關，**寶寶爬行不僅是肢體協調發展的表現，藉由爬行自行探索這個世界，能給腦部帶來更多的刺激**。所以要有**讓寶寶足夠爬行的空間與安全的環境**，不要常常把寶寶關在嬰兒床上或很小的空間裡，這樣才不會影響寶寶的爬行發展。

可是寶寶如果已經發展到站立、扶著走路的階段，因為能夠看得更高更遠，大部分就不會願意在地上爬了。有的爸媽會很擔心地問：「我聽說多爬對腦部比較好，可是寶寶只學會爬 1 個月就開始自己扶著走了，怎麼辦？要限制他嗎？」其實大可不必，寶寶早點會走表示發展的很好，家長應該很高興，只是會照顧得更累了，要更小心寶寶的安全。而且走路能比爬行理應得到更多的刺激，對發展一定是正面的。

我永遠記得我家雙胞胎1歲左右，當我在浴室放好水後喊：「先來的先洗澡」，只見妹妹開心地走過來，但弟弟還在後面爬，結果爬得比較慢的弟弟只能在旁邊乖乖等。多爬比較好？那天弟弟心裡一定不是這麼想的。當然第二天我就不再這麼喊了，改成胖的先洗，畢竟每個人都是有自己的長處的。

Q 寶寶會走了！會走了！誒，那要買什麼鞋呢？

A 寶寶會走了！這對寶寶跟爸媽一樣都是一件令人興奮的事，那該買什麼樣的鞋子最好呢？**寶寶剛會走路時，會使用腳趾抓地面，而且足弓也不需要支撐，也就是說一點也不需要鞋子！所以在家裡可以放心赤腳走路，這是最好練習走路的方式。**不過若是出門散步，則一定得買一雙美鞋才好看，喔，說錯了，是安全的鞋。**鞋子最主要的目的是防止受傷與感染，而不是幫助學習走路。**美國兒科醫學會對於爸媽選擇鞋子，有以下建議：

❶兒童鞋必須重量輕且有彈性，能自然支持足部運動。

❷ 材質要能舒服透氣，如皮革、帆布或有網孔。

❸鞋底必須是有摩擦力的橡膠材質，以防止滑倒。

太緊太硬的鞋子可能會導致寶寶足部運動受限甚至變形，好的寶寶鞋彈性度應該是能夠讓您輕鬆就可以彎曲鞋身。另外，也不要怕寶寶腳長得很快，就故意買大一點的鞋子，讓他能多穿幾個月，因為太大的鞋子不好走路也容易讓寶寶跌倒。

Part 1

1-1 新生兒檢查

1-2 哺乳與餵奶

Part 2

2-1 副食品概念

2-2 調配副食品

2-3 吃副食品後

Part 3

3-1 呼吸道疾病

3-2 消化道疾病

3-3 皮膚疾病

Q什麼時候可以訓練寶寶自己吃東西？

A 自己進食對寶寶而言是一個重大的發展里程碑，這不僅代表手部精細動作發展達到一定程度，更是獨立自主的一大步。而且寶寶自己進食後，會反應自己自然的飢餓與飽足感，爸媽就不需要再猜來猜去寶寶到底吃飽了沒。

大約8-12個月大的寶寶開始會使用自己的拇指與食指捏食物吃，如果你的時間充裕（跟脾氣夠好的話！），就放手讓寶寶自己嘗試吧，寶寶用手玩食物或是塗滿全身也是正常的。**一開始可以給寶寶小一點跟軟一點的食物，例如1片香蕉、馬鈴薯泥、花椰菜、蛋。**13-15個月就可以開始**使用湯匙**，並能穩定地重複把食物舀進湯匙，再放入嘴巴裡。不過大部

分寶寶到1歲半至2歲還是會灑的到處都是，所以還是請爸比認命清地板吧。

此外，買兒童餐具的要件之一，當然是要摔不破的，**不銹鋼304材質是個好的選擇**，吃東西前也記得幫寶寶洗手，避免摸過塑膠玩具後，手上會殘留塑化劑一起吃進肚子裡。

Part 3

寶寶生病了！

一旦寶寶生病了，會讓大部分的爸媽都緊張不已，有的人
會上網找資訊，或是詢問親朋好友的意見做處理。在此篇
章裡，兒科醫師先要告訴爸比媽咪們「看診之前，爸比媽
咪必知的事」，傳達面對小兒疾病時的正確觀念，以及解
惑常見疾病的狀況、如何觀察寶寶的身體變化。

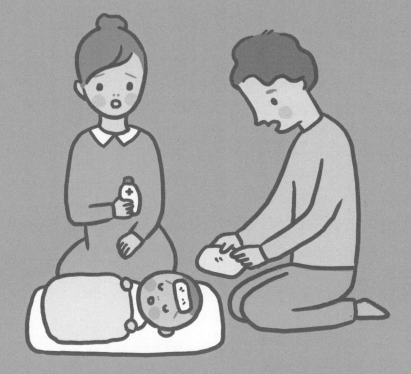

Part 1

1-1 新生兒檢查

1-2 哺乳與餵奶

Part 2

2-1 副食品概念

2-2 調配副食品

2-3 吃副食品後

Part 3

3-1 呼吸道疾病

3-2 消化道疾病

3-3 皮膚疾病

看診之前，爸比媽咪必知的事

在解惑各種疾病之前，兒科醫師想先給爸比媽咪們一些看診的基礎觀念，和常常被問到的問題，能幫助你（妳）不至於那麼緊張，也更冷靜地觀察寶寶生病時的狀況喔。

寶寶生病時該如何面對

看人，不只是看病

有一次在診間，一對爸媽帶女兒來就診，說到昨天被第一個醫師診斷肺炎，轉到醫學中心之後，卻被診斷為中耳炎，因為覺得很困惑，所以今天再來看一次。看了一下昨天的X光，右上肺是有一些浸潤沒錯，而右邊的中耳也確實有發炎。

舉這個例子，主要是希望爸比媽咪們了解，疾病是可能同時存在的。因為兒科醫師看病，是先看小孩的整體狀況，然後再仔細分析小孩可能得到哪一種病。但診斷之後，別忘了「**要把視野再放大回來看小孩的整體狀況**」，因為醫師是醫人，而不只是醫病而已。

見樹，也要見林

現在的醫學資訊越來越容易獲得，很多家長一進來診間，就對各種病毒名稱如數家珍，話題一直圍繞在到底是哪一種病菌讓我的小孩生病，而忽略了眼前的孩子的整體狀況才是最重要的。

以發燒為例，疾病的百分比都是由大數據統計出來的結果，但是對醫師眼前的孩子來說，有發燒就是有發燒，沒發燒就是沒發燒，不會說這一個孩子有百分之80的發燒。很多家長會因為執著於這些比例，而不斷否定醫師所提出來的各種可能性，有時聰明反被聰明誤。

衛教，沒辦法教你怎麼看病

上述的這些狀況，有一部分也是醫師自己造成的。因為醫師在做大眾衛教的時候，比較容易教的是單一疾病會如何發展。而看病人靠的是經驗的累積，並不容易用衛教的方式讓大眾一學就會。

Part 1

1-1 新生兒檢查

1-2 哺乳與餵奶

Part 2

2-1 副食品概念

2-2 調配副食品

2-3 吃副食品後

Part 3

3-1 呼吸道疾病

3-2 消化道疾病

3-3 皮膚疾病

有一次遇到一位家長要帶小孩到日本玩，孩子才兩個月大，我勸他有問題還是要帶小孩去看醫師比較好，不要光靠從台灣帶過去的藥。結果他說：「我不是要聽你講這些。你是醫師，你應該教我遇到什麼狀況該怎麼處理」。

這實在有點強人所難，就算是醫學系畢業的學生，都不敢說能判斷並應付各種狀況了，更何況在短短的門診時間中，家長期望能從醫師口中學到多少呢？因此就算再貴再麻煩，在國外真的遇到大問題，還是要帶小孩就醫比較安全。

望聞問切的幾大基礎

❶醫師的看診資訊來自於家長

偶爾會有家長在診間問說：「你幫我看一下他有沒有流鼻涕？」，一開始被這樣問，都會先愣一下，因為這些症狀應該是家長主動描述給醫師聽，而不是由醫師在現場判斷有沒有這些症狀，再來告訴家長的。

也曾遇過家長在被問到小孩有什麼症狀時，冷冷地回答說：「你不會自己看啊！？」讓人聽完額頭三條線，頭頂彷彿有烏鴉飛過。

醫師比爸媽厲害的地方是在當下對疾病的判斷，但是爸媽觀察小孩的整體時間比醫師長，也較能知道症狀是如何隨時間而變化，所以家長對病情的描述也很重要。在帶小孩看病前，記得要先跟主要照顧者問好病情，到時候才不用call out求助。

❷不要被單一種病毒或疾病名稱給限制住了

在新聞媒體上，我們習慣從病毒名稱去認識一個病，在臨床上，有時知

道是哪一種病毒，也可以讓我們更能預期後續的發展，例如腺病毒可能會比一般感冒再多燒個兩天。但除非像流感一樣，在治療上有特別的抗病毒藥物可以使用，否則病毒的名稱常常不是那麼重要。

舉例來說，鼻病毒和冠狀病毒很少被媒體提起，因為它們沒什麼新聞性，但其實它們在引起感冒的病毒當中才真正是數一數二的。

另一方面，疾病名稱是從各種症狀去歸納出來的，但彼此之間的界線並不是那麼清楚。例如感冒、支氣管炎、支氣管肺炎，每個醫師的診斷可能不一樣，差別在對侵犯程度的判斷。又以哮吼為例，醫師診斷主要是聽到聲帶附近水腫所造成像狗吠般的咳嗽聲，同樣的，哮吼可能由不同的病毒所造成，話說回來，這些病毒也不會只影響聲帶。

因此不管被診斷是什麼病或是什麼病毒，別忘了還是要回來注意病人本身的狀況，別被一些專有名詞的框架給限制住了，也不要太執著於什麼病就一定要是什麼樣的狀態。。

如果病人的症狀很典型，也許醫師在看診的時候會說可能是某某病毒引起的。但如果症狀就是很一般的感冒或拉肚子，其實就不必一個一個病毒抓出來，問醫生說是不是這個病毒造成的了。再說，如果真的要問清楚，腺病毒和腸病毒一樣都可再細分成60幾種，還真的問不完呢。

❸ 出現不屬於這個疾病的症狀，並不能排除這個疾病

之前曾跟一個發燒孩童的家屬說要驗尿，已排除泌尿道感染，家屬反問說，他有拉肚子耶，拉肚子會是泌尿道感染嗎？在理想的狀態之下，我們希望可以先用一個病來解釋所有症狀，但這僅是理想狀態，病人的狀況不一定會這麼單純。

雖然泌尿道感染的主要症狀不是拉肚子，但反過來說，並不是拉肚子的人就不會泌尿道感染。如果發燒太多天、有泌尿道感染的病史、有畏寒發抖等現象，雖然機率不高，還是要排除同時有泌尿道感染的可能性。

舉一個比較誇張的例子，罹患中耳炎不會讓人腳痛，所以遇到腳痛的

小孩，我們當然不會直接聯想到中耳炎。但是如果小孩腳痛又同時發燒，還是要用耳鏡檢查一下，並不會因為腳痛就可以排除掉中耳炎了。

❹急性與慢性的問題常同時存在

常碰到家屬很喜歡問：「這次流鼻涕是過敏還是感冒造成的？」，事實上，過敏性鼻炎和感冒常同時存在，並不會因為你有過敏性鼻炎就不會感冒，也不會因為你感冒而過敏性鼻炎就不發作了。

❺讓治療向前走，不要只停留在原地想原因

偶爾會遇到一些家屬，讓小孩的疾病拖延很久，一直在家裡想說這些症狀是什麼東西造成的，就是遲遲不看醫師。真的忍不住去看醫師了，還是邊看邊反駁醫師所提出的各種可能性，顯然自己已經在家推敲許久。

在看診陷入僵局時，有時我會直接跟家屬說，你就先照我的方式治療看看吧！不去嘗試，怎麼知道我說的對不對呢？而且疾病對治療的反應，本來就是診斷的一部分。有時候，先解決問題比找出原因更重要，總是要踏出第一步。

至於到底是什麼原因引起的，交給醫師煩惱就好啦！

以上寫了很多基本的觀念，**主要是希望大家能用更寬廣的角度去吸收醫療資訊**。也許讀者第一次看，會不知道寫這麼多開場白（或者說是「題外話」）的目的是什麼，但開始養育小孩後，爸比媽咪們累積的經驗多了，再回來多看幾次，也許就會懂了！

接下來的篇章，還是不能免俗地，會用條列的方式介紹門診常見疾病。但是會嘗試以不同的方式，幫助大家抓住一些臨床重點，就像在診間衛教一樣。

Part 1
1-1 新生兒檢查
1-2 哺乳與餵奶

Part 2
2-1 副食品概念
2-2 調配副食品
2-3 吃副食品樓

Part 3
3-1 呼吸道疾病
3-2 消化道疾病
3-3 皮膚疾病

呼吸道疾病

- 一般感冒
- 急性細支氣管炎
- 哮吼
- 肺炎
- 鼻竇炎
- 中耳炎
- 腸病毒
- 其他感冒

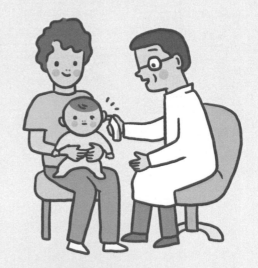

Part 1

1-1 新生兒檢查

1-2 哺乳與餵奶

Part 2

2-1 副食品概念

2-2 調配副食品

2-3 吃副食品後

Part 3

3-1 呼吸道疾病

3-2 消化道疾病

3-3 皮膚疾病

常見的小兒呼吸道疾病

常見的小兒呼吸道疾病包含了一般感冒、急性細支氣管炎、哮吼、肺炎、鼻竇炎、中耳炎、腸病毒、其他感冒…等，讓兒科醫師帶爸比媽咪們認識疾病與觀察照護。

一般感冒

初步徵象

一般感冒往往先從流鼻水或喉嚨痛開始，有的不會發燒，有的則會燒到3天，通常不會超過39度。咳嗽在第2-3天開始，鼻水則會慢慢變成白色鼻涕，再變成黃綠色鼻涕，量則會越來越少。小孩在前幾天可能會活力降低，胃口變差。一般整體的病程約7-10天，有時會到兩個禮拜。

如何觀察

熟悉一般感冒的病程很重要，因為這樣才知道什麼狀況不用擔心，而什麼狀況要特別注意。例如：不必一有黃綠色鼻涕就以為是鼻竇炎（會導致濫用抗生素），或是3-5天沒好就覺得治療沒效（不停換醫師）。而該注意的是發燒超過3天、病程超過10天沒改善（小心鼻竇炎），或者是沒有其他症狀就突然夜咳很厲害（要小心氣喘）…等。

小嬰兒因為尚有媽媽抗體的保護，所以有時感冒症狀輕微到家長都沒發現。有些小嬰兒感冒後，沒發燒也沒咳嗽，鼻涕也沒有流出來，累積在鼻腔裡，表現出來的可能是半夜哭鬧（因為鼻子不舒服），而被當成嬰兒腸絞痛。

哮吼

初步徵象

最典型的表現是**發出像狗吠般的咳嗽聲**。主要是因為病毒侵犯到聲帶，造成聲帶附近發炎與水腫，導致咳嗽時，寶寶要很費力把聲門打開，因而發出響亮的聲音。有的比較輕微，則只會聲音沙啞。

在小孩哮吼流行的時候，很多大人也會「燒聲」，推測很可能是同一個病原引起的，最常見的是「副流行性感冒病毒」。嚴重的哮吼可能要注射類固醇或用吸入藥物治療，輕微的則只要症狀治療就可以了。

急性細支氣管炎

初步徵象

醫師主要是靠聽診器來診斷，可以在肺部兩側都聽到廣泛的痰音。如果是呼吸道融合病毒引起的，可能在第一天就開始有很厲害的咳嗽了。

如何觀察

此疾病的嚴重度常和寶寶的臨床表現有關。比較嚴重的症狀，例如寶寶會因為呼吸費力而不想吃東西，活動力也會變很差，爸比媽咪**可以觀察到寶寶呼吸時的肋骨下方會凹陷，這類的寶寶可能需要住院治療。**

症狀比較輕的，病程也會比一般感冒還要久，可能要到2-3個禮拜才會完全好。前幾天發燒是正常的，但如果**是後來才突然發燒，反而要注意是不是進展成肺炎或有其他併發症。**

肺炎

初步徵象

肺炎在門診並不常見，通常是高燒不退，或呼吸音有異狀時，經由照X光確診。**細菌所造成的肺炎，通常會轉住院治療，而會留在門診治療的，則是以黴漿菌肺炎為主。**

黴漿菌算是一種細菌，但它卻沒有細胞壁，它所引起的肺炎通常不會像細菌那麼嚴重，也不一定會高燒，最常見的症狀就是一直咳，咳超過兩個禮拜。有的小孩短短幾個月內就被診斷好幾次黴漿菌感染，這當中一定是有什麼誤會。

如何觀察

此外，病毒也可能會造成肺炎，但是相對少見，而一旦發生，嚴重度則不亞於細菌所引起的肺炎。**因此被診斷為流感病毒或腺病毒感染時，還是要小心觀察孩子的呼吸狀況，看看是否會喘或呼吸費力。**

Part 1
1-1 新生兒檢查
1-2 哺乳與餵奶
Part 2
2-1 副食品概念
2-2 調配副食品
2-3 吃副食品後
Part 3
3-1 呼吸道疾病
3-2 消化道疾病
3-3 皮膚疾病

鼻竇炎

初步徵象

為了避免把一般感冒都當成鼻竇炎，我們先要熟悉鼻竇炎的3種主要類型：

❶ 持續型：感冒超過10天還沒好，而且用了症狀治療的藥物還是不會改善的情況。

❷ 惡化型：感冒已經快要好了，但是又突然變嚴重，例如鼻涕突然又變多，咳嗽突然又變得更厲害，突然又發燒…等。

❸ 猛爆型：有超過3天的黃綠鼻涕，加上超過39度的高燒。

以上是修改自美國的鼻竇炎診斷準則，也許每個醫師心中各有一把尺，但原則上不該一出現黃鼻涕就使用抗生素，因為一般感冒也可能會出現黃鼻涕。而如果確定為鼻竇炎，就應該明確告知家長該使用多久的抗生素。

中耳炎

初步徵象

中耳炎的主要臨床表現是耳朵痛或（和）發燒，醫師最直接的診斷方式就是使用耳鏡檢查。嚴重的中耳炎，有混濁的中耳積液加上泛紅的發炎反應，每個醫師的診斷不會差太多。但有時候小孩發燒或哭鬧，也可能會使耳膜變紅，如果沒有明顯的中耳積液，不同醫師可能就會出現不同診斷。

還有一種情況是透明的中耳積水，如果積水只到一半，因為看得到水和空氣的交界面，所以比較好診斷。但如果水積滿了，因為看不到交界面，反而看起來和沒有水時很像，這時候用鼓氣式的耳鏡可以幫助判斷，不過兒科的病人並不那麼容易配合，所以在實際上的應用並不廣泛。

中耳炎是否要使用抗生素，和病人的年齡及嚴重度都有關。如果要用，也是要完成一定的療程，如果治療中斷了，還是要密切觀察，以決定是否重新啟動抗生素治療。

腸病毒

初步徵象

腸病毒最常見的表現是手足口症與咽峽炎。通常家長擔心的是口腔潰瘍影響小孩的食慾，還有手腳的疹子讓小孩倍受異樣的眼光，而醫師擔心的則是外表看不到的心肌炎和腦炎，即所謂的重症。

其他感冒指的是類似一般感冒，但因為具有某些特色而容易被區別出來的。

類流感

初步徵象

會以發燒、頭痛、肌肉痠痛、倦怠為前兩天的主要症狀，這些症狀在大人的差別會比較明顯，小孩則是因為自己不太會描述，而且就算得到一般感冒也可能發高燒，所以和一般感冒較不好區別。

類流感的病人，如果快篩出來確定是流感病毒引起的，我們就可以直接稱之為「流感」而不是「類流感」了。 反過來說，感染到流感病毒後，不是每一個人都會發展到類流感的嚴重度，甚至可能完全沒症狀，而這些人通常也不會去做快篩。

至於哪些人需要使用克流感…等對抗流感病毒的藥物呢？答案是得到流感病毒且有類流感症狀的病人。不過實際上，因為快篩可能有偽陰性（得

如何觀察

我們要熟悉腸病毒重症的前兆，才能提早有所警覺，簡單的記法是「嗜睡、嘔吐、手腳無力」。詳細的項目則包括：

- 嗜睡、意識不清、活力不佳、手腳無力。
- 肌躍型抽搐（無故驚嚇或突然間全身肌肉收縮）。
- 持續嘔吐。
- 呼吸急促或心跳加快。

如果3歲以下得到腸病毒且發燒超過3天，也要格外小心重症。如果沒有出現這些症狀的前兆，那麼家長就不用太過擔心，平均約7-10天後可以康復。

如果小孩生病期間的進食意願低落，那麼布丁、冰淇淋、冰棒…等平常不可以吃太多的食物都可以解禁。目標是希望能多多少少補充一些熱量和水分，至於是不是屬於垃圾食品，那就暫時不管了。

到流感病毒但測不出來），所以在流行季節，是以類流感症狀嚴重度、接觸史，以及病人本身的健康狀況來判斷是否使用專屬的藥物。

腺病毒

初步徵象

腺病毒約有60幾種，有些可能混雜在一般感冒當中，有些會眼睛紅，因此被辨認出來。有些會在扁桃腺附近造成潰瘍，很像是腸病毒。有些會高燒到5天，這時候可以做快篩看看，如果確定只是腺病毒引起的，沒有其他併發症，反而可以更耐心等候退燒而不必使用抗生素。

玫瑰疹

初步徵象＆如何觀察

一開始會造成喉嚨發炎，有經驗的兒科醫師甚至在一開始就可以看出和一般感冒的喉嚨發炎型態不同，不過誰也不敢說這一定是玫瑰疹，因為在台灣約有1/4的小孩，雖然得到玫瑰疹的病毒，但最後不會出疹子，燒就悄悄地退了。

典型的玫瑰疹則是「（高）燒3天、退1天、第5天出疹子」。在這期間，大便可能會變得比較稀，而沒有咳嗽或流鼻涕…等感冒常見的症狀，家長普遍的抱怨是小孩變得很黏人。通常是從背部開始出現疹子，不過家長很容易忽略，因為小孩皮膚被衣服包住了；**之後疹子會慢慢擴散到胸腹部、臉及四肢，大約3天就陸續退掉了。**

不典型的玫瑰疹可能會燒到5天，也可能延續之前感冒的咳嗽或鼻涕症狀，也可能出現膿尿而先被當成泌尿道感染治療，到最後則是有人不會出疹子，或是疹子出現後再燒1天才退。因為可能造成玫瑰疹的病毒有兩種，所以有人會出兩次玫瑰疹。總之，玫瑰疹看似簡單，其實也不那麼容易就是了。

Part 1
1-1 新生兒檢查
1-2 哺乳與餵奶

Part 2
2-1 副食品概念
2-2 調配副食品
2-3 吃副食品後

Part 3
3-1 呼吸道疾病
3-2 消化道疾病
3-3 皮膚疾病

消化道疾病

· 腸胃炎
· 便秘
· 嬰兒胃食道逆流
· 嬰兒腸絞痛
· 新生兒黃疸

常見的小兒消化道疾病

常見的小兒消化道疾病包含了腸胃炎、便秘、嬰兒胃食道逆流、嬰兒腸絞痛、新生兒黃疸…等，讓兒科醫師帶爸比媽咪們認識疾病與觀察照護。

Part 1
1-1 新生兒檢查
1-2 哺乳與餵奶
Part 2
2-1 副食品概念
2-2 調配副食品
2-3 吃副食品後
Part 3
3-1 呼吸道疾病
3-2 消化道疾病
3-3 皮膚疾病

腸胃炎

初步徵象＆如何觀察

典型的腸胃炎是第1天先吐，接著拉肚子，前後約3天的時間。在照顧上，首先要注意的是有沒有脫水？看體重有沒有減輕許多，是最直接的方法。但實際上可能無法確切得知在得到腸胃炎之前的體重是多少，因此還可以參考其他指標，例如小便量有沒有變很少？前囟門是否凹陷？嘴唇是否很乾？眼窩是否凹陷…等。如果是嚴重脫水，則需要打點滴補充水分與電解質。

照護重點

飲食上，**在吐的時候記得不要吐完就馬上吃東西，後果很可能是馬上再吐一次，要謹守少量多餐，慢慢進食的原則**。拉肚子的時候，除非真的拉得很厲害，經醫師評估確實有必要的話，才需吃得很清淡，或是換泡半奶…等；否則只要避免太油太甜的食物，其他都可以照正常吃。

病毒性腸胃炎

我們常說的腸胃型感冒，指的是病毒性腸胃炎，最有名的病毒是「輪狀病毒」和「諾羅病毒」。因為口服疫苗的普及，已經較少遇到因為輪狀病毒連拉1個星期的小孩了。諾羅病毒的特色是全家大小都可能得到，只是先後的問題，第1天會吐的很厲害，拉肚子約3天。還有一些名氣比較低的病毒也會造成腸胃炎，因為在照護上都大同小異，所以不必硬要區分出是哪一種病毒。

細菌性腸胃炎

另外還有一種情況是細菌性腸胃炎，其中又以沙門氏菌最常見。特色是有些大便會呈現像青苔一樣的綠色，可能夾雜著黏液或血絲，每次的量不多，但一天可以大到10幾次。沙門氏菌有機會從腸道經由血液侵犯身體別的部位，因此如果持續高燒，則要考慮住院治療。

便秘

純母乳寶寶的大便頻率是1天7次或7天1次，介於兩者之間都算正常，只要大出來是糊糊的就不算便秘。我常跟純母乳寶寶的家長解釋說，雖然一開始的大便次數多，但是隨著吸收能力變好，慢慢地母乳就幾乎完全被吸收，沒留下多少殘渣，大便次數就自然變少了。

非純母乳的寶寶，大便頻率在1天3次或3天1次之間都算正常，最好是每天都有大。正常排便有幾個要素：

❶ 要有材料：因此青菜水果不可少，全穀類可以多吃。

❷ 要順暢：適度攝取油脂，例如在副食品裡面加數滴冷壓初榨的橄欖油，可以幫助排便順暢。

❸ 不能憋：貪玩或曾有肛裂的小孩，往往以為把大便忍住，大便就會不見了，但其實是進入便秘的惡性循環。

如何觀察

便秘的前因後果，其實比想像中要複雜許多。因此如果寶寶大便常沾血，或是有雙腿夾緊的憋便動作，或是常3天以上才大（非純母乳寶寶），最好還是早點就醫，才不會讓問題越來越嚴重。

嬰兒胃食道逆流

初步徵象 & 如何觀察

嬰兒的胃食道逆流是一種正常的生理現象，輕一點的有點像是在反芻，稍微嚴重一點是溢奶，再嚴重就變成吐奶了。遇到這種情況時，我會先看寶寶的體重是否有正常的增長？如果長太慢，表示胃食道逆流影響到寶寶的營養攝取，會建議口服藥物治療。如果寶寶長大的速度很標準，那麼除非胃食道逆流本身讓他（她）很不舒服，否則就不必使用藥物。如果成長太快，反倒要計算一下寶寶是否吃過量，變成另一個同音異字的「餵食到逆流」了。

照護重點

除了藥物之外，有一些方法也可以協助改善。第一是少量多餐，把相同的總量分配到更多的次數裡，這樣每一次的腸胃負擔比較小。第二是喝完奶以後抱著直立30分鐘，可以加速胃的排空。平均來說，胃食道逆流的症狀在寶寶4個月大時達到高峰，在6個月大時，有8-9成寶寶會改善。

嬰兒腸絞痛

初步徵象

嬰兒腸絞痛的典型症狀是在半夜的固定某一個時段哭鬧，哭的時候會臉頰脹紅、大腿屈曲、肛門排氣。有的時候哄得下來，有時候哄也沒有用，一定要等時間過了才會停。好發年齡在3週大和3個月大之間，不一定會每天發作。

有些情況可能會被誤以為是腸絞痛，例如鼻塞或脹氣，在夜間會更不舒服，所以容易哭鬧。前面說的胃食道逆流，在胃酸反覆升上來的時候，寶寶也可能扭來扭去不舒服。因此在面對疑似腸絞痛的寶寶時，我們還是要盡可能先解決一些眼前可以解決的問題。如果這樣還是沒辦法停止寶寶哭鬧的話，好吧，那就只好說是嬰兒腸絞痛了，等寶寶長大自然會好。

新生兒黃疸

新生兒的黃疸在出生後3-5天會進入一個高峰，而什麼程度才需要照光的標準，則會依照懷孕週數、出生體重、出生天數而有所不同。照光治療的主要目的是「避免核黃疸」，這是一種因為膽紅素過高而沉積在腦部神經核的疾病，可能會造成腦性麻痺、聽力喪失或智力障礙…等。

所幸現在的照光治療設備很進步，已足以處理絕大多數的新生兒黃疸問題，在以往則偶爾會需要用到換血的技術來降低膽紅素。如果黃疸在經過照光之後還是居高不下，或是上升快速，就要檢查是否除了生理性黃疸之外，還夾雜了其他病理性的因素。

照護重點

母乳和黃疸有一定的關聯，但是在出生前的幾天，主要是因為攝取不足所造成的，**所以就算有黃疸還是不要停餵母乳，反而要多喝一點奶**。母乳性黃疸則是和母乳本身的成分有關，影響通常是在寶寶2週大後出現，若黃疸不高，可繼續餵母乳沒關係；若黃疸太高，則可以和醫師討論是否須進一步檢查及處理。

如何觀察

在剛出生的頭幾天，寶寶都還在解胎便或轉型便，因此在出院後，要參照健康手冊上的大便顏色對照表，觀察寶寶大便顏色是否正常。正常是落在7到9號之間，有些顏色比9號更深，也算正常。**如果出現灰白便，就要趕快就醫，以排除膽道閉鎖，它是一種需要盡早開刀處理的疾病。**

Part 1
1-1 新生兒檢查
1-2 哺乳與餵奶
Part 2
2-1 副食品概念
2-2 調配副食品
2-3 吃副食品後
Part 3
3-1 呼吸道疾病
3-2 消化道疾病
3-3 皮膚疾病

皮膚疾病

・痱子
・尿布疹
・異位性皮膚炎

常見的小兒皮膚疾病

在潮濕炎熱的台灣，常見的小兒皮膚疾病包含了長痱子、尿布疹、異位性皮膚炎…等，讓兒科醫師帶爸比媽咪們認識疾病與觀察照護。

Part 1

1-1 新生兒檢查

1-2 哺乳與餵奶

Part 2

2-1 副食品概念

2-2 調配副食品

2-3 吃副食品後

Part 3

3-1 呼吸道疾病

3-2 消化道疾病

3-3 皮膚疾病

痱子

初步徵象

小嬰兒的體溫比大人高，但是排汗功能卻比大人差。偏偏大人又常常覺得小嬰兒會冷，而不斷幫忙添加衣物。當汗液來不及排出去的時候，就會長出痱子了。比較淺層的痱子看起來「像是被薄薄一層皮膚包裹的細小水珠」，越深層的痱子則越會讓周圍的皮膚發紅。一般來說，會常在洗澡完以後出現痱子，或是在臉頰長時間靠著親餵後長出來。

照護重點

預防的方法是，**不要因為小嬰兒手腳冰冷就一直加衣服，應該摸寶寶後背靠近頸部的地方才比較準**。衣物要選擇透氣的材質，洗澡水不要太熱，夏天可以開冷氣，有流汗就要盡快擦拭掉，而且最好是用濕的毛巾擦。只要透氣、通風、不會太熱，痱子通常很快就會消了。常常前一天晚上長痱子，爸媽很緊張，隔天帶來看病的時候，卻又找不到疹子在哪裡了。

尿布疹

初步徵象

如果寶寶的糞便或尿液長時間接觸皮膚，就可能造成尿布疹。皮膚一開始是變紅，如果再嚴重則可能破皮。有時在塗了局部使用的藥膏之後，會改變皮膚表面菌落的生態，而變成一顆一顆向外擴散的黴菌感染。

照護重點

因此，會建議在**尿布疹的初期，不要一下子就使用太強的藥膏，只要擦能隔絕刺激並保護皮膚的藥即可，而且要勤換尿布**，避免讓皮膚處於悶熱潮濕的環境。如果是黴菌感染，就要改擦專治黴菌的藥物，不能同一條藥膏用到底。

尿布疹也常伴隨拉肚子而出現，如果寶寶有拉肚子的現象，可以提早擦氧化鋅藥膏作預防。如果是因為乳糖不耐所引起的頻繁腹瀉，則要跟醫師商討一下如何在飲食上作調整，才有辦法徹底解決尿布疹的問題。

異位性皮膚炎

異位性皮膚炎是一種體質，已經被證實與人體的許多基因有高度的關聯性，並且只要用棉棒沾取少許口腔黏膜細胞就可以檢測。而後天的環境和出生後的照顧，則是另一個是否發病的關鍵。

初步徵象

異位性皮膚炎幾乎不會在寶寶滿月前出現，**通常是在2個月大之後才表現出來。一開始只是皮膚粗糙、脫皮，之後可能泛紅，皮膚變厚，甚至會滲出組織液並結痂。**

異位性皮膚炎最大的特色就是「癢」！小嬰兒可能還不會抓，但是會利用機會磨蹭，例如抱著他的時候，臉頰會在你身上磨來磨去。等長大自己會抓以後，就很容易陷入越抓越癢、越癢越抓的循環。

照護重點

小嬰兒不太會弄髒自己，所以洗澡時不一定要使用清潔用品，大部分時候用清水洗就可以了，而且注意水溫不要太熱。如果要用洗髮精或洗泡泡浴，記得選接近皮膚表面pH值的弱酸性產品，而且不管產品說明怎麼說，最後最好還是要用清水沖掉。

至於平時的保養，最重要的是皮膚的保濕。如果是擦嬰兒油，應該在剛洗好澡的時候擦，才會真的是保濕而不是保「乾」。如果是擦嬰兒乳液，則可以常常補充。

如果症狀已經比較嚴重了，則要配合醫師治療，才有辦法早日脫離「癢、抓、更癢、更抓」的惡性循環。

Part 1

新生兒檢查
1-1

哺乳與餵奶
1-2

Part 2

副食品概念
2-1

調配副食品
2-2

吃副食品後
2-3

Part 3

呼吸道疾病
3-1

消化道疾病
3-2

皮膚疾病
3-3

Column 葉醫師問答！

先知道就不慌亂！
居家照護寶寶的常見

常積極在粉絲團做兒科衛教的葉醫師，常在診間被爸比媽咪問到各式各樣照護、餵養寶寶的問題，我們把這些Q&A蒐整起來，對於新手爸媽來說，是很實用的衛教資訊喔！

Q 餵寶寶吃藥的小訣竅？

A 家長最常問的問題就是可不可以把藥加在奶裡面餵？如果只是症狀治療的藥物，大多可以。但如果是抗生素這類劑量要比較精準的藥物，就最好還是單獨餵。

把藥加在奶裡面餵也有小訣竅，就是加在前1/3的奶裡面就好，因為寶寶常常大小餐，如果加在全部的奶裡面，沒喝完的話就吃不到足夠的劑量了。

而藥物糖漿可以用小藥杯或滴管餵，**通常藥粉都可以加在糖漿裡面一起餵沒關係**，除非有特別說明。如果是較小的寶寶，可以使用長得像針筒一樣的專用餵藥器，好處是附有刻度方便量取正確劑量，也可以減少殘留。

Q寶寶疝氣如何處理？

A 寶寶常見的疝氣有兩種，在處理上有很大的差別。**最常見的是臍疝氣，常在寶寶哭鬧的時候特別突出。**此時腸子會跑進疝氣裡，但可以很輕易地壓回。因為底部較寬，腸子卡住的機會非常非常低。

對付臍疝氣有很多偏方，例如用硬幣壓住並貼起來，但其實是不必要的。臍疝氣可以觀察到2歲，大多會隨著腹部肌肉的發展而縮小，除非到兩歲時還是大於2公分，才需要特別處理。

第二常見的是腹股溝疝氣，常有人以為是因為寶寶經常哭鬧所造成的，但其實是構造上的問題，所以要積極地安排開刀處理，否則腸子可能會卡住而壞死。因此，當寶寶不明原因哭鬧時，記得要打開尿布檢查看看是否有腹股溝疝氣，不要以為都是腸絞痛喔！

Q什麼時候要退燒？

A 我的建議是「38.5度以上就可以吃退燒藥」。從前大家對發燒都很恐懼，在急診的時候，很多小孩發燒的家長都急著想插隊先看。然而這十幾年來，兒科醫師對家長在發燒這部分的衛教太成功了，很多家長對發燒不那麼恐懼了。

不過卻出現了另一種現象，有些家長會把不用吃退燒藥就能退燒當作一種成就。其實看在兒科醫師的眼裡，這些小孩可能已經很不舒服了，實在不用太堅持不吃藥這件事情。如果要發揮免疫力，微燒就夠了，不必到高燒。

對這些家長，我只好退一步說，如果真的到39度以上，還是給一下退燒藥吧！

Part 1
新生兒檢查 1-1
哺乳與餵奶 1-2
Part 2
副食品概念 2-1
調配副食品 2-2
吃副食品後 2-3
Part 3
呼吸道疾病 3-1
消化道疾病 3-2
皮膚疾病 3-3

Q 要不要拍痰？

A 拍痰有三種，第一種是紮紮實實的拍痰，但這其實很複雜，還牽涉到哪種姿勢較能引流出哪片肺葉的痰液，不是一般人能懂的。真的需要用到這種拍痰法的病人，大部分都是在住院當中進行了。

第二種拍痰法，適用於在家照護的急性細支管炎寶寶。首先**墊著枕頭讓寶寶趴在大人的大腿上，頭略低於屁股，從背部中間一半的地方開始拍**，往上背部移動。手掌的姿勢像要舀水一樣，這樣在拍擊的時候才比較不會痛，也較有震動的效果。

第三種拍痰法，適用於一般感冒，寶寶正在咳，一口痰不上不下的時候。**方法是輕拍背部，目的是讓痰鬆動一點**，看最後是讓寶寶吐出來，或是吞進胃裡都沒關係，只要不卡在喉頭就好。

Q 要不要拍打嗝？

A 這裡指的打嗝是「會吐出氣體並發出聲音的打飽嗝」，不是那種久久才會停的反射性打嗝。嬰兒剛出生的時候，喝奶中間和喝完奶之後，都會幫他們拍打嗝，這點大家比較沒問題。

但究竟要幫寶寶拍打嗝拍到多大呢？很多爸媽一直拍，寶寶不打嗝，反而很擔心，甚至拍到寶寶會吐。其實我們要回過頭來想想拍打嗝的目的，主要是要幫助寶寶的胃部空氣排出，騰出空間讓胃能容納更多的奶。**如果寶寶的奶量已達標準，本身也不容易吐，那麼就不一定需要再拍打嗝了。**

Q為什麼寶寶仰睡比較好？

A 許多國家在建議嬰兒仰睡之後，都大幅降低了嬰兒猝死的機率。但這樣的結果並改變不了所有支持趴睡者的想法，大多數的人還是覺得自己沒事就沒事，感覺不到這萬分之幾的差異。無論如何，醫師還是要苦口婆心教大家正確的方式，如果講一萬次可以救回一個，也非常值得。

很多人以為趴睡只要不堵住口鼻就不會嬰兒猝死，但這其實是錯誤的！趴睡自己本身就是一個危險因子，就算口鼻沒有被堵住，也一樣置小孩於風險之中。舉例來說，氣管位於食道的前方，趴著時，氣管變成在食道的下方，因此溢奶時，順著地心引力就可能流到氣管而嗆到。而側睡有可能不小心轉成趴睡，所以一樣不建議。理想的嬰兒睡眠環境如下：

❶讓嬰兒仰睡在與嬰兒床大小密合的硬床墊上。

❷嬰兒床上不要放置枕頭、棉被、羊毛毯、填充玩具等柔軟物品。

❸用連身睡衣或其他睡衣代替蓋被子。

❹如果一定要蓋被子，記得要用薄的毯子，並讓寶寶的腳靠近嬰兒床緣，被子最高蓋到胸部，而且被子多出來的部分，幫括左右兩側和底部都要塞進床墊下，這樣才能確保被子在睡眠過程當中不會不小心蓋住寶寶的頭。

❺別把寶寶放在柔軟的表面上睡覺，例如水床、沙發、軟床墊、枕頭…等。

Q 親餵的媽咪如果感冒了，還能餵奶嗎？

A 這個問題很常被問到，感冒病毒並不會經由乳汁傳染給寶寶，反而是抗體會透過乳汁傳給寶寶。但為了避免飛沫傳染，親餵時記得戴口罩。

至於吃感冒藥的媽咪可以哺餵母乳嗎？建議先告知醫師說自己最近在餵母乳，請醫師開藥時特別注意。真的「需要停餵母乳」的藥物，其實是抗癌化學藥物、放射性同位素、抑制母乳分泌的藥物等；至於「可考慮停餵母乳」的藥物，有抗癲癇藥物、大量抗組織胺、磺胺類藥物…等。

Q 想幫寶寶換配方奶，需一匙一匙換嗎？

A 一匙一匙換配方奶沒什麼根據，只要寶寶願意吃，就直接換。就像車子原本加中油，臨時找不到中油加油站，直接加台塑汽油也可以。沒有說第一次只能加10L台塑汽油，下一次加20L，下下次加30L……。也就是說，不管是哪一種奶粉，寶寶在媽媽肚子裡都沒喝過，只要喝，就會有第一次。

寶寶的腸胃道沒那麼脆弱，不必一匙一匙換，反而要考量的是，兩種奶粉混在一起好不好喝呢？就像芭樂汁和水蜜桃汁都好喝，但芭樂水蜜桃汁就不一定對胃口。而且如果是因為乳糖不耐或對牛奶蛋白過敏而換奶粉，那直接換才較能看得出效果。

總結是，**沒事不要亂換奶，要換的話就要選對目標，至於換的方式，直接換會比一匙一匙更容易成功。**

Part 1
1-1 新生兒檢查
1-2 哺乳與餵奶
Part 2
2-1 副食品概念
2-2 調配副食品
2-3 吃副食品後
Part 3
3-1 呼吸道疾病
3-2 消化道疾病
3-3 皮膚疾病

Q需要幫寶寶清耳屎嗎？

A 一般我都跟爸媽說不必幫小孩挖耳屎，不過有些小孩的體質不一樣，耳屎會變成「耳塞」，幾乎沒有自己掉下來的可能，這時可以交給兒科醫師夾耳屎，如果寶寶可以配合的話。另一種情況是寶寶發燒，須檢查是否為中耳炎時，兒科醫師也會主動處理。爸媽在家照護的**基本原則就是「看得到的地方才清」**，不要盲目用棉花棒幫寶寶清耳朵，因為很有可能會把耳屎越推越深。

Q吃過蛋的寶寶才能打流感疫苗？預防針一次可以打幾針？

A 不一定要吃過蛋才能打疫苗，從沒吃過蛋的寶寶也可以直接打。如果寶寶曾吃過蛋並且對蛋過敏的話，要請兒科醫師先行評估，到最後其實大多數都還是可以打。至於預防針一次可以打幾針呢？如果沒有特殊情況，例如要帶寶寶出國很久或什麼的，一次打兩針就差不多了。除非爸媽的心臟真的很強，可以忍受寶寶一次挨很多針。

Q幫男寶寶洗澡，包皮要推開來洗嗎？

A 幫男寶寶洗澡時，包皮要不要往後推？我的答案是「輕輕往後推」就好！就像洗手前，如果穿長袖衣服，要先把袖子往後拉一樣。如果袖口向後已經卡住，就不要硬拉了，免得衣服破掉或釦子爆開。

「輕輕往後推」並不是要你一次就把一個包莖的小孩推成完全沒有包莖。而有醫師說「不要推」，**是指不要硬推的意思，並不是完全不能推**。其實輕輕推沒有想像中那麼恐怖啦！太用力推，則最怕的是包莖嵌頓，卡住後縮回不來，算是一種急症。裂傷相較之下，算是小事了。

Part 1

新生兒檢查

1-1

哺乳與餵奶

1-2

Part 2

副食品概念

2-1

調配副食品

2-2

吃副食品後

2-3

Part 3

呼吸道疾病

3-1

消化道疾病

3-2

皮膚疾病

3-3

Q寶寶常常便秘，怎麼辦才好？

A 便秘其實可以分成很多種，成因不同也會有不同的處理方式，因此別家使用的方法不一定就能解決你家小孩便秘的問題。這邊一次教給大家「葉氏解便秘7法」，先看看你家寶寶便秘的類型是什麼與正確的處理，其實衛教的部分真的比藥物還重要喔！**因為便秘不是只有一種，而且有時可能存在兩種以上的原因，先找對原因才能正確治療，用錯方法反而可能越來越糟。**

YES！葉氏解便秘7法

範例	特徵	錯誤處理	正確處理
純母乳寶寶	無便	太緊張	7天內不用處理
纖維攝取不足	少便	一直喝水	多吃蔬果全穀
水分攝取不足	乾便	吃太多纖維	喝充足的水
累積很多天才上	粗便	想到才灌腸	每天養成大便習慣
飲食太清淡	卡便	越吃越清淡	需補充油脂
寶寶有肛裂	憋便	忽視不管	吃軟便藥
硬便塞住出不來	滲便	以為是水瀉，吃止瀉藥	處理便秘

每天幫寶寶做！
好處多多的嬰幼兒
按摩

嬰幼兒按摩是近年來育兒的重要課題，在嬰幼兒按摩相關教育單位推廣下，這股風潮已獲得醫療照護體系的重視與提倡，期望藉由這種正向的撫觸性按摩方式，爸比媽咪能觀察到孩子的需要與反應，讓寶寶感受到被尊重、被愛與信任感，將有助於親子間親密感和依附關係的建立。禾馨的嬰幼兒按摩講師要為我們示範幾種基礎的嬰兒按摩手法，不僅能讓寶寶促進身體健康，正向情緒發展，還能緩解新生兒常見的腸絞痛、脹氣或是便秘的困擾喔！

專業諮詢＋影片示範／禾馨民權婦幼診所 嬰幼兒按摩講師 汪令娟　採訪撰文／李美麗

幫寶寶按摩前的準備基礎

幫寶寶按摩之前，我們除了準備用品，更重要的是藉由與寶寶互動，觀察寶寶是否願意接受按摩，此一「徵求同意」的儀式，不僅可達到制約效果，更能帶給寶寶很大的安全感。

準備用品

❶ 兩條大浴巾或薄被。

❷ 寶寶用的按摩油或乳液。

溫馨小提醒

建議挑選無氣味的植物冷壓按摩油，避免蓋過媽咪的氣味。因為嬰兒期的寶寶視覺還沒有發展得很完全，會以氣味認出媽咪，沒有氣味的按摩油能讓寶寶知道是媽咪在幫他（她）進行按摩，讓寶寶有安全感的話，按摩過程就會比較順暢。

準備工作

❶ 先將1條大浴巾鋪在床上，再把寶寶抱到鋪好的浴巾上。

❷ 將另1條浴巾捲成長卷軸，圍成類似子宮的形狀，放在寶寶頭部上方，讓寶寶有被包圍在子宮之中的安全感。

❸ 幫寶寶把全身衣服脫掉。

幫寶寶按摩前的互動

❶ 雙手洗淨擦乾後，在手上倒少許按摩油或乳液，大約為10元大小的量即可。

❷ 一面雙手搓揉，一面和寶寶說說話，讓寶寶知道按摩要開始了。例如可以說：「媽咪（爸比）要幫你按摩了喔，會很舒服的喔～」

溫馨小提醒

搓揉雙手和說話是為了尊重寶寶意願而做。搓揉雙手不只是為了搓熱手，透過雙手磨擦的「沙沙聲」也暗喻寶寶按摩即將開始。說話的目的是徵求孩子意願，若孩子呈現安靜、放鬆、雙眼明亮、即表示願意接受按摩，如果寶寶出現哭泣、躁動、身體緊繃…等不願意情況，就無須勉強，以免寶寶對於肌膚接觸留下不好的印象。

寶寶可以穿著衣服按摩嗎？

嬰幼兒按摩是透過肌膚接觸而放鬆的，因此建議儘量減少衣服的干擾，裸體按摩對寶寶來說有更大面積的肌膚接觸，是最佳選擇。隨著寶寶年紀成長，可以漸漸幫寶寶增加衣服，例如當寶寶已擺脫尿布，開始穿小內褲時，就可幫孩子穿上內褲再按摩。若年紀越來越大，接近國小時，就直接穿著衣服進行按摩。

紓緩便秘、脹氣、腸絞痛

一定要學的腸絞痛按摩手法

寶寶常見的腸胃症狀，不外乎便祕、脹氣、腸絞痛，在此介紹一套腸絞痛的按摩手法，結合腹部按摩手法的水車法和日月法，以及屈膝上壓的舒緩運動。建議媽咪每天早、中、晚，各為寶寶做3個循環，對於腹脹、便祕、腸絞痛都有良好的舒緩效果。

靜置撫觸

1 水車法按摩前，先做靜置撫觸的動作，即雙手交疊（一手在上，一手在下）放在寶寶肚子上，等待寶寶肚子漸漸鬆軟下來再開始按。因為放鬆的緣故，有時寶寶會在這時突然尿尿，沒有關係喔，這表示寶寶已經非常放鬆了，這時擦拭乾淨後再進行後續按摩。

水車法

2 以雙手交替輪流、如同踩水車的方式，將手掌心貼在腹部肚臍軟軟的部位，從寶寶上腹部朝下推至下復部，共6次（雙手數12次）。

靜置撫觸至寶寶肚子鬆軟為止。

從上腹部往下腹部推。

寶寶腸絞痛發作的當下，雖可用腸絞痛按摩的手法來幫寶寶緩解，但寶寶因為腹痛難耐，肚子僵硬，其實能夠進行按摩的程度有限。容易腸絞痛的寶寶，建議爸比媽咪可選在腸絞痛未發生前，於寶寶安靜清醒、情緒平靜時，再以腸絞痛的按摩手法為寶寶進行按摩，每天早、中、晚各1次，每次進行3個循環，以舒緩腸絞痛的不適，甚至可預防腸絞痛的發生。

屈膝上壓

3 進行屈膝上壓，兩手分別各握住寶寶小腿的靠近腳踝處，將寶寶雙腿舉起，協助彎曲膝蓋，並輕輕往腹部輕壓，讓大腿碰觸到寶寶腹部維持6秒。然後將雙腿伸直平放，再輕輕地抖抖雙腿，讓寶寶放鬆腿部肌肉。

讓寶寶大腿碰到他（她）的腹部。

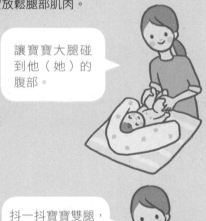

抖一抖寶寶雙腿，讓肌肉放鬆。

日月法

4 將腹部視為一個時鐘，左手掌先貼住腹部，從11點鐘的方位開始，順時鐘方向畫完整的圓，當左手到達5點鐘的位置時，加進右手接力，即從左手對角處的11點鐘位置開始，順時鐘畫半圓，共操作6次。

左手畫全圓，右手畫半圓。

5 最後屈膝上壓6次。

註：
以上步驟1-5為一個循環，每次共做3個循環，除第一循環需先進行靜置撫觸的動作之外，第2-3循環可省略靜置撫觸的動作。

放鬆腿部肌肉

為寶寶做基本的腿部按摩

腿部是為寶寶按摩的第一選擇,因為相較於其他部位,腿部是寶寶觸覺經驗最豐富的地方。平時寶寶常常被抬腳換尿布,所以腳部按摩對寶寶來說的接受度會比較高。

印度擠奶法與滾動搓揉法屬於印度式手法。是一種能幫助放鬆的按摩手法,按摩方向是屬於離心的形式;所謂離心,意指從身體核心往身體外側按摩。這種腿部的印度式按摩手法,適用於舒緩腿部的不適,尤其是5-6歲的孩子經常有成長痛的情形發生,如果半夜時孩子有腿部或腳踝痠痛不適的情況,可使用此印度式按摩來舒緩疼痛。

印度擠奶法

按摩時,一手呈C字型,拇指朝內,其他四指併攏朝外握住腳踝。另一手同樣以C字型握住大腿,從大腿根部外側開始(若沒穿尿布可從臀部開始),以離心的方向推按,接著換手再從內側的鼠蹊部推按到腳踝。可重複連續多做幾次。

滾動搓揉法

以雙手掌心包覆寶寶腿部,以單向離心的方式,從大腿根部往腳踝做滾動搓揉的動作。可重複連續多做幾次。

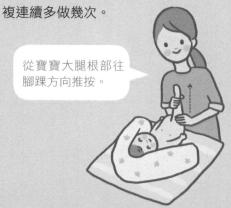

從寶寶大腿根部往腳踝方向推按。

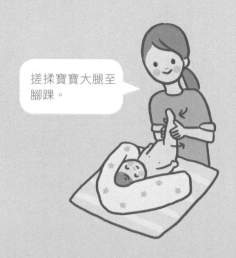

搓揉寶寶大腿至腳踝。

瑞典擠奶法

按摩時，一手呈C字型，拇指朝內，其他四指併攏朝外握住腳踝。另一手同樣以C字型握住腳踝，從腳踝外側開始，以向心的方式，朝寶寶大腿根部推按，若沒穿尿布可延伸按到臀部，換手從腳踝內側到大腿鼠膝部。可連續多做幾次。

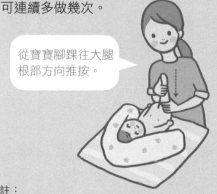

從寶寶腳踝往大腿根部方向推按。

註：
瑞典擠奶法和印度擠奶法的按摩方向相反，是屬於瑞典式的按摩手法，按摩方向是向心的，從身體末端向心臟的方向按摩，可促進血液循環。

兒歌哼唱搭配舒緩運動

有時候想為嬰兒按摩增添更多樂趣與互動時，建議搭配兒歌，並為寶寶做簡單的舒緩運動，不僅可以吸引寶寶注意，還能促進語言發展喔。

❶ 以兒歌《三輪車》為例：
這首歌很適合做簡單的屈膝及伸直放鬆，只要搭配兒歌節奏，幫寶寶抬抬腳，就可以很歡樂地完成。

1 讓寶寶兩腿輪流屈膝，幫助寶寶做類似踩腳踏車的動作，搭配節奏進行。

2 整首歌唱完後，再進行最後的放鬆動作。兩手各握住一腿，輕輕擺動寶寶腿部。

❷ 以兒歌《小星星》為例：
《小星星》是普遍接受度相當高的兒歌，推薦當成寶寶按摩入門的第一首歌。這首歌的情境與節奏比《三輪車》豐富，能讓寶寶手腳並用：一面訓練寶寶肢體協調，再一面依下面歌詞拆解唱歌，會把寶寶逗得非常開心，就像幫寶寶上了一堂唱遊課喔！

Steps

1「一閃」：兩手各輕輕握著寶寶的手，讓寶寶左手在上，右手在下。

2「一閃」：重覆上一步驟，但是手的位置上下調換，改為右手在上，左手在下。

3「亮晶晶」：讓寶寶兩手臂攤開，手部輕輕擺動，做類似「閃爍」感覺的舞蹈動作。

4「滿天」：讓寶寶右腿抬到左腿上方。

5「都是」：讓寶寶左腿抬到右腿上方。

6「小星星」：媽咪右手握著寶寶的左腿，左手握著寶寶的右腿，做輕輕擺動、肌肉放鬆的動作。

以上的舒緩運動可促進孩子運動神經發展。因為嬰幼兒動作發展是「從單側協調進入雙側協調,再到跨側協調」;而左右半腦的協調,正是憑藉著肢體運用而逐漸發展的。由於人體左腦控制右邊肢體、右腦則控制左邊肢體,所以當左右兩邊肢體同步運動時,能活化胼胝體,促進左右腦發展。如果我們能夠從小為寶寶建立這樣的基模,然後透過神經傳導傳達到大腦,會為寶寶的左右腦協調帶來很大的幫助。爸比媽咪也可將上述動作再進行變化,調整成手腳並用的動作。例如右腳到左手之上,左腳到右手之上⋯等的角度變化。

詳細的寶寶按摩流程影片請參閱:

除了嬰兒腹部、腿部按摩,還有其他的嗎?

除了按摩寶寶腹部、腿部,也可以幫寶寶做臉部按摩唷。而臉部按摩不需額外抹按摩油,因為寶寶臉上本來就有一點油脂,可直接按摩就好。以下介紹兩種方式:前額開卷式(幫助睡眠)、上唇微笑+下唇微笑(舒緩長牙期的不適)。

[前額開卷式－幫助睡眠]
1.兩手手指併攏,指尖相對,輕輕放置於寶寶額頭。
2.兩手同步,輕輕從額頭中央往兩側滑開,一直到太陽穴的位置為止。

[上唇微笑+下唇微笑－舒緩長牙期的不適]
寶寶約6個月大時會進入長牙階段,可能會出現牙齦發癢的感覺,這時就用上唇微笑式及下唇微笑式來舒緩牙齦不適。按摩步驟很簡單,上唇微笑是用「兩手的大拇指,從人中往左右兩側嘴角輕輕推按」。而下唇微笑同樣是「運用兩手的大拇指,從下巴的正中央往兩側推按至嘴角」。

正確了解！寶寶按摩Q&A

Q 幫寶寶按摩的最佳時機是？

A 其實新生兒就可開始接受按摩了，但建議從腳開始，且按摩前先做「靜置撫觸」，即雙手先握住要按摩的腿，待腿部放鬆再行按摩。另外，一次不要給予太多種的按摩手法，剛開始一次只進行1-2個按摩手法即可，以免太多刺激造成寶寶的壓力。另考量到剛出生的寶寶有臍帶護理的需求，建議約於出生後2週、待臍帶脫落後，再開始進行腹部按摩。

Q 何時適合進行按摩呢？

A 當寶寶安靜清醒的時候，是最合適的。按摩前，媽咪在進行準備工作時，可以一面搓揉按摩油，一面對寶寶說話、觀察意願再進行。按摩是親子情感交流的愉快時光，不用把按摩當成例行工作，若媽咪一時忙碌或寶寶情緒不佳，不必非得進行不可，免得寶寶日後對按摩產生抗拒心態。

此外，寶寶在哭泣、吃飽飯、睡覺時也不適合按摩，請千萬不要在寶寶睡夢中為他（她）進行按摩，因為會影響到寶寶的睡眠品質。尤其在睡眠週期中的快速動眼期，大腦正努力地進行運作，整合當日的學習經驗，如果在深度睡眠時受到干擾，會影響生長激素的分泌。加上寶寶的睡眠週期比成人短暫，更不宜受到干擾。

Q 幫寶寶按摩有哪些好處？

A

❶主要能放鬆肌肉。當情緒放鬆時，會促進催產素以及其他正向情緒荷爾蒙的分泌（特別是催產素），如此可放鬆肌肉與紓壓，而且不論是寶寶或大人都是喔。

❷提升親子互動品質，加強依附感和親密關係，連帶影響寶寶的人格發展。

❸有舒緩作用、緩解不適。例如腸絞痛、長牙不適、便祕腹脹、成長痛…等，各有其對應的按摩手法。

❹刺激身體各大系統功能，包括血液循環、呼吸、消化、淋巴、神經…等，都有一定的幫助。

Q 按摩力道和時間該如何拿捏？

A 沒有制式的時間長短，一切以寶寶意願為主。有時寶寶可能只有2分鐘安靜，或本來好好的卻突然煩躁起來、想尿尿、覺得熱…等，或按摩當下有太多人看他而突然哭泣，都會影響按摩的進行。在按摩的過程中，如果寶寶看起來開心，今天就按摩久一點；反之，就簡單完成按摩即可或停下來。

至於按摩力道，只要常觀察寶寶的反應，就能掌握到寶寶喜歡的強度。其實嬰兒按摩並不麻煩，非常建議從小建立這種充滿愛的親子互動喔！

國家圖書館出版品預行編目(CIP)資料

安心育兒百科：新生兒照護與哺育生活,帶寶寶第一年
必看的幸福養成書. 下集. 育兒篇 / 葉勝雄, 吳俊厚, 吳
芃彧合著. -- 初版. -- 臺北市：麥浩斯出版：家庭傳媒
城邦分公司發行, 2016.11
　　面；　公分
ISBN 978-986-408-187-5(平裝)
1.育兒
428　　　　　　　　　　　　　　　　105013046

下集・育兒篇

安心育兒百科

新生兒照護與哺育生活,
帶寶寶第一年必看的 **幸福養成書**

作者	葉勝雄、吳俊厚、吳芃彧	發行人		何飛鵬
責任編輯	蕭歆儀	PCH生活事業總經理		李淑霞
專欄採訪撰文	李美麗	社長		張淑貞
美術設計	RabbitsDesign	副總編輯		許貝羚
插畫	日光路			
攝影	王正毅			
行銷企劃	曾于珊			

出版	城邦文化事業股份有限公司 麥浩斯出版
E-mail	cs@myhomelife.com.tw
地址	104台北市中山區民生東路二段141號8樓
電話	02-2500-7578
發行	英屬蓋曼群島商家庭傳媒股份有限公司城邦分公司
地址	104台北市中山區民生東路二段141號2樓
讀者服務專線	0800-020-299 (09:30AM~12:00 AM;01:30PM~05:00PM)
讀者服務傳真	02-2517-0999
讀者服務信箱	E-mail：csc@cite.com.tw
劃撥帳號	1983-3516
戶名	英屬蓋曼群島商家庭傳媒股份有限公司城邦分公司 香港發行 城邦(香港)出版集團有限公司
地址	香港灣仔駱克道193號東超商業中心1樓
電話	852-2508-6231
傳真	852-2578-9337
馬新發行	城邦(馬新)出版集團 Cite (M) Sdn. Bhd. (458372U)
地址	11, Jalan 30D/146, Desa Tasik,Sungai Besi, 57000 Kuala Lumpur, Malaysia.
電話	603-90563833
傳真	603-90562833
製版印刷	凱林彩印股份有限公司
總經銷	高見文化行銷股份有限公司
電話	02-26689005
傳真	02-26686220
版次	初版 5 刷 2024年 2 月
定價	NT399元 港幣HK$133元